張雯燕 著　ZCT 策劃

超實用
業務・總管・人資的
辦公室WORD
必備 50 招省時技　2016 / 2019 / 2021

ChatGPT 加強版

超值 CD
完整收錄書中
50組超實用
商務範例檔

博碩文化

作　　者：張雯燕
責任編輯：Cathy

董 事 長：曾梓翔
總 編 輯：陳錦輝

出　　版：博碩文化股份有限公司
地　　址：221 新北市汐止區新台五路一段 112 號 10 樓 A 棟
　　　　　電話 (02) 2696-2869　傳真 (02) 2696-2867

發　　行：博碩文化股份有限公司
郵撥帳號：17484299　戶名：博碩文化股份有限公司
博碩網站：http://www.drmaster.com.tw
讀者服務信箱：dr26962869@gmail.com
訂購服務專線：(02) 2696-2869 分機 238、519
（週一至週五 09:30 ～ 12:00；13:30 ～ 17:00）

版　　次：2025 年 6 月五版

博碩書號：MI22507
建議零售價：新台幣 500 元
I S B N：978-626-414-235-9
律師顧問：鳴權法律事務所 陳曉鳴律師

本書如有破損或裝訂錯誤，請寄回本公司更換

國家圖書館出版品預行編目資料

超實用！業務.總管.人資的辦公室 WORD 必備 50 招省時技 (2016/2019/2021)(ChatGPT 加強版)/ 張雯燕作. -- 五版. -- 新北市：博碩文化股份有限公司, 2025.06
　面；　公分
ISBN 978-626-414-235-9(平裝附光碟片)
1.CST: WORD(電腦程式)
312.49W53　　　　　　　　114007692

Printed in Taiwan

博碩粉絲團　歡迎團體訂購，另有優惠，請洽服務專線
　　　　　　(02) 2696-2869 分機 238、519

商標聲明

本書中所引用之商標、產品名稱分屬各公司所有，本書引用純屬介紹之用，並無任何侵害之意。

有限擔保責任聲明

雖然作者與出版社已全力編輯與製作本書，唯不擔保本書及其所附媒體無任何瑕疵；亦不為使用本書而引起之衍生利益損失或意外損毀之損失擔保責任。即使本公司先前已被告知前述損毀之發生。本公司依本書所負之責任，僅限於台端對本書所付之實際價款。

著作權聲明

本書著作權為作者所有，並受國際著作權法保護，未經授權任意拷貝、引用、翻印，均屬違法。

序

書中的範例都是多年工作經驗的累積，精采程度不言可喻。隨便打開電腦檔案，至少還有上百個可以當作範例的文書資料，但受限於產業別的差異，特別精選普遍都可應用的文件作為範例。

內容編排上，雖然很難做到以功能為主軸的書籍那般循序漸進，但也盡力安排讓初學者可以從頭學習基礎的 Word 基本操作及文件編輯；讓有基礎者可以發現許多以前不太了解的進階設定及小技巧應用。讓有興趣的人可以學習 Word 功能，逐步完成一份文件；也讓沒時間學習的人，快速套用書中的範例，完成長官交辦的事項。

然而受限於範例主題的限制，還是有許多精采的 Word 功能沒有被介紹到；也受限於出版時間的壓力，許多誤漏沒有被發現到，只希望讀者能不吝指教。最後祝福各位讀者，不論在學習、工作或是生活上，都能順順利利！平安幸福！

筆者 張雯燕

目錄

0 Word應用軟體介紹

單元 01 Word 工作環境最佳化	002

1 PART 行政總務篇

單元 02 公司傳真封面	020
單元 03 公司內部公告	025
單元 04 公司專用信箋	032
單元 05 訪客登記表	041
單元 06 電話記錄表	048
單元 07 交寄郵件登記表	056
單元 08 分機座位表	063
單元 09 支出證明單	073
單元 10 商品訂購單	079
單元 11 付款簽收單	086
單元 12 出差旅費報告單	094

2 PART 人事管理篇

單元 13 員工請假單	102
單元 14 因公外出申請單	110
單元 15 在職進修申請單	115
單元 16 應徵人員資料表	123
單元 17 應徵人員面試記錄表	130
單元 18 淘汰通知單	136

單元 19	錄取通知單	142
單元 20	職前訓練規劃表	150
單元 21	聘用合約書	159
單元 22	人評會考核表	168
單元 23	在職證明書	174
單元 24	留職停薪申請書	181
單元 25	離職申請書	188
單元 26	離職證明書	193
單元 27	人員增補申請表	202

PART 3　業務行銷篇

單元 28	產品報價單	208
單元 29	市場問卷調查表	214
單元 30	英文商業書信	221
單元 31	買賣合約書	227
單元 32	行銷企劃書	235
單元 33	專案企劃書	242
單元 34	單張廣告設計	248
單元 35	產品使用手冊	254
單元 36	客戶摸彩券樣張	261
單元 37	滿意回函卡	268
單元 38	VIP 名單標籤	274
單元 39	產品資訊月刊	284
單元 40	顧客關懷卡片	293

PART 4 經營管理篇

單元 41	公司章程	302
單元 42	員工手冊	309
單元 43	員工福利委員會章程	320
單元 44	管理顧問聘書	326
單元 45	公司組織架構圖	333
單元 46	SOP 標準工作流程	340
單元 47	工作進度計畫表	347
單元 48	股東開會通知	352
單元 49	股東會議記錄	358
單元 50	營運計畫書	367

APPENDIX A 實戰 ChatGPT 來輔助 Word 操作與應用

A-1	人工智慧的基礎	379
A-2	認識聊天機器人	381
A-3	ChatGPT 初體驗	385
A-4	ChatGPT 正確使用訣竅	393
A-5	ChatGPT 能給予 Word 使用者什麼協助	396
A-6	Word 操作 AI 提示詞大全	399

Word 應用軟體介紹

01　Word 工作環境最佳化

一、簡介

Word 是 Office 家族系列中，最基礎也是不可或缺的一員，不管是家用版、專業版甚至訂閱版都可以看到它的蹤影，與 Excel（試算表）、PowerPoint（簡報製作）可謂 Office 三劍客。

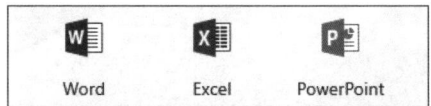

二、Word 工作環境

Office 軟體間都有相同模式的使用介面，讓人一眼就可以看出是同一家族成員，大致上可分成功能區、編輯區和狀態列三大區塊。

(一) 功能區

功能區中又可以細分成「標題列」、「索引標籤」和群組式的「功能按鈕」。

標題列

　　主要顯示檔案名稱和軟體名稱。標題列右邊有 5 個按鈕，分別代表「登入」、「功能區顯示選項」、「最小化」、「往下還原」和「關閉視窗」等功能。

　　按下「功能區顯示選項」鈕，可選擇功能區的範圍大小，預設的樣式為「顯示索引標籤和命令」。配合文件編輯的習慣，選擇適當的功能區顯示選項，可適度增加文件編輯區的範圍。

　　標題列左邊則是快速存取工具列，設有常用的功能鈕，預設的功能鈕由左而右依序為「儲存檔案」、「復原」及「取消復原」，依據硬體設備不同，還有「觸控/滑鼠模式」，讓不同裝置的使用者有更人性化的操作體驗。

【滑鼠模式】

【觸控模式】

按下 ▼「自訂快速存取工具列」鈕，還可顯示更多被隱藏起來的快速功能鈕，若勾選清單內的功能鈕，則可選定於快速存取工具列。

索引標籤

索引標籤主要用來區分不同的核心工作，例如「常用」、「插入」、「檢視」…等，依照不同的軟體會有不同主題的功能索引標籤。

【常用】功能索引標籤

【插入】功能索引標籤

除了固定式的索引標籤外，還會因應特定的功能，提供進階的工具索引標籤，如「繪圖工具」、「圖片工具」、「SmartArt 工具」、「表格工具」…等，只有選取選到該物件才會顯示。

【繪圖工具】功能索引標籤

物件對應的索引標籤

【頁首及頁尾工具】功能索引標籤

群組式功能鈕

而位於索引標籤下方的群組式功能鈕，則會依照不同的功能索引標籤，顯示對應的功能鈕。所謂群組式是將相同性質的功能，放置在同一個區塊，若區塊右下角有顯示 符號，則表示可以開啟相對應的對話方塊或工作窗格。

按此鈕開啟對應的對話方塊

(二) 文件編輯區

文件編輯區在未編輯之前，原則上是一片空白，但是都會有水平捲軸和垂直捲軸，可以捲動捲軸顯示視窗外的內容。使用者還可以依據使用習慣，在「檢視」功能索引標籤中，增減「尺規」、「格線」和「功能窗格」等輔助工具。

(三) 狀態列

位於文件最下方，除了顯示編輯文件的資訊外，還可以控制文件的檢視模式和顯示比例。

三 基本操作設定

Word 操作介面有許多人性化的設計，依據自己的操作習慣設定最佳化的工作環境，可以讓使用者在編輯過程中更加得心應手。

(一) 顯示比例

使用 Word 編輯文件時，都是在整頁模式（標準模式）下進行，預設的顯示比例為 100%，但是像筆者寫稿時喜歡使用「文字寬度」，顯示比例較大，圖片和文字可以看得清楚；而展現列印效果時，就習慣使用「多頁」，顯示比例較小，可以確認整體版面效果。

切換的方式很簡單，只要切換到「檢視」功能索引標籤，在「顯示比例」功能區中，執行「顯示比例」指令，即可開啟「顯示比例」對話方塊，再依照想要設定的比例選擇即可。

(二) 視窗排列

一旦必須同時編輯兩份文件，或在同一份文件不同處進行編輯，一直要切換視窗或移動捲軸實在麻煩，讓視窗並排顯示是個不錯的方法。

操作步驟

1 先切換到「檢視」功能索引標籤,在「視窗」功能區中,執行「開新檔案」指令。若是要檢視不同檔案,則直接開啟另一份檔案,無須執行此步驟。

2 在「視窗」功能區中,執行「並排檢視」指令。(另一個「並排顯示」鈕會讓視窗上下並排)

3 同一視窗顯示兩份檔案,而且會預設為「同步捲動」,方便新舊不同的文件比對。

4 若在「視窗」功能區中,取消執行 「同步捲動」指令,則可單獨捲動顯示位置,方便前後文的對照。

㈢ 設定作者資訊

文件在儲存或是插入頁首與頁尾都會自動插入作者資訊，預設值都是登入 Word 時所設定的名稱，如果要修改預設值，就必須進入 Word 選項中修訂。

操作步驟

1 按下「檔案」功能索引標籤，進入檔案功能視窗。

2 按下「選項」鈕進行「選項」設定。

3 開啟「選項」對話方塊,在「一般」索引標籤中,輸入「使用者名稱」後,按下「確定」鈕即可。

(四) 摘要資訊

如果只是想修改某一份文件的作者資訊,就不需要在「選項」中修改,只要在「檔案」功能視窗中,設定該份文件的摘要資訊即可。

操作步驟

1 按下「檔案」功能索引標籤,進入檔案功能視窗,按下「摘要資訊」清單鈕,選擇執行「進階摘要資訊」指令。

2 開啟「摘要資訊」對話方塊，在「摘要資訊」索引標籤中，輸入標題、主旨、作者…等資訊，按「確定」鈕。

3 當執行「儲存檔案」指令時，摘要資訊就會一併被儲存在此份文件中。

(五) 設定自動回覆時間

「蟑螂怕拖鞋、烏龜怕鐵鎚」，編輯文件時最怕無預警的「當機」，此時不是慘叫聲可以解決的，雖然 Word 會自動幫使用者儲存，但是每十分鐘一次能夠滿足你的需求嗎？不妨設定能容忍的時間吧！

按下「檔案」功能索引標籤，進入檔案功能視窗，按下「選項」鈕，開啟「選項」對話方塊，在「儲存」索引標籤中，設定「儲存自動回覆資訊時間間隔」的分鐘數，按「確定」鈕即可。

四　編輯小技巧

Word 有一些幫助編輯的小技巧，除了選取時，按住【Shift】可以選取連續範圍的文字或表格儲存格；按住【Ctrl】可以選取不連續範圍的文字或表格儲存格，眾所皆知的選取技巧外，還有隱藏版的小技巧。

(一) 即點即書

開啟「即點即書」這項功能，可以省下按【Enter】鍵和空白鍵的次數，也就是說使用者只要在文件編輯區中，快按滑鼠左鍵二下，就可以任意移動編輯插入點位置。

開啟的方法也是到「選項」對話方塊中設定，在「進階」索引標籤中，勾選「啟用即點即書」編輯選項，按「確定」鈕即可。

(二) 列印背景圖案

這項功能最主要是搭配「設計」功能索引標籤中的「頁面色彩」功能使用，當使用者在頁面色彩中設定背景色彩或圖片時，若沒有開啟這項功能，背景色彩或圖片是"不會"被列印出來的。

設定的方法也是到「選項」對話方塊中，在「顯示」索引標籤中，勾選「列印背景色彩及影像」列印選項，按「確定」鈕即可。

Word 應用軟體介紹

(三) 自動校正選項

自動校正選項是筆者最愛的編輯小技巧,在書中讀者會看到有許多常用的詞彙,如「按此鈕」、「切換到此索引標籤」、「按此清單鈕」…等,重複性很高的字詞,別以為筆者是一個一個慢慢敲,這樣會影響寫作的速度,其實就是善用自動校正選項功能。

操作步驟

1 選取常用的字詞,按下「檔案」功能索引標籤,進入檔案功能視窗,按下「選項」鈕。

2 開啟「選項」對話方塊,在「校訂」索引標籤中,按下「自動校正選項」鈕。

3 另外開啟「自動校正」對話方塊,「成為」處會顯示剛選取的字詞,自行設定「取代」的簡化字樣,假設是「!親」,若要新增其他字詞,就按下「新增」鈕,若沒有則按下「確定」鈕。

4 回到編輯文件,輸入文字「!親」,在按下【Enter】鍵之前,還是輸入的文字。

5 按下【Enter】鍵後,就自動校正為「親愛的讀者您好:」。

期待各位讀者擁有更多自己最愛的編輯小技巧喔!

(四) 顯示 / 隱藏編輯標記

這是一個不常被提起的圖示鈕,本身沒有任何特殊功能,但是執行它你就可以知道不為人知的小秘密。如下圖,為什麼文件中沒有很多 ↵ 換行符號,文字卻可以到第二頁?為什麼第二頁紙張可以變成橫向?

只要按下「常用\段落」功能區中的 「顯示／隱藏編輯標記」圖示鈕，就可以知道原因了！原來被插入分頁符號和分節符號，這些進階版面配置功能所產生的特殊標記標號，一定要靠 開啟「顯示／隱藏編輯標記」圖示鈕，才能原形畢露。

1 行政總務篇

02	公司傳真封面
03	公司內部公告
04	公司專用信箋
05	訪客登記表
06	電話記錄表
07	交寄郵件登記表
08	分機座位表
09	支出證明單
10	商品訂購單
11	付款簽收單
12	出差旅費報告單

範例檔案：PART 1\Ch02 公司傳真封面

單元 02 公司傳真封面

隨著電腦傳輸檔案的普及化，使用傳真機的機會似乎變少了，如果必要時大部分都會以多功能事務機取代傳統傳真機。以往使用傳真時都會在文件上方寫上「TO：某某人」，再仔細一點會上寫上總頁數，但是用手寫在文件上難免影響美觀，若是設計一張傳真封面，寫上雙方公司基本聯絡資料，不僅美觀還省去對方回覆時找尋聯絡方式的時間。

範例步驟

1 在 ⊞「開始」視窗按下 Word 圖示磚，開始第一份 Word 文件初體驗。

1 按開始功能鈕
2 按此圖示磚
3 或按此程式鈕

2 第一次使用 Word 難免不知道如何下手，不妨上網找尋已經設計好的範本，可以快速製作需要的文件。在「搜尋線上範本」處輸入要找尋的關鍵字「傳真」，按下 🔎「開始搜尋」鈕，開始線上尋找。（此時要連上網路喔！）

3 顯示搜尋結果，將游標移到「合併列印傳真（都會主題）」圖示文件上方，按一下滑鼠左鍵選擇此文件範本。

4 按下「建立」鈕，開始下載範本文件。

5 出現傳真範本開啟的新文件，以表單建立的文件，讓使用者可以很方便的依照提示，輸入相關的資料，快速完成文件。開始依照提示輸入雙方公司的資本聯絡資料。

6 輸入完所有資料後，按下快速存取工具列上的 🖫「儲存檔案」鈕。

7 自動切換到「另存新檔」工作視窗，選擇儲存在本機「這台電腦」中的「桌面」資料夾，也就是將檔案儲存到桌面。

8 開啟「另存新檔」對話方塊，輸入新檔案名稱「公司傳真封面」，檔案類型維持預設的「Word 文件」，按下「儲存」鈕即可。

9 由於所有的範本都是從舊版軟體時代就設計上傳，所以另存新檔時，Word 就會提醒使用者，建議升級成最新的檔案格式。直接按下按「確定」鈕即可。

10 儲存完畢會回到文件編輯視窗，此時標題列的檔案名稱會由原本的「文件1」變更成新檔名「公司傳真封面」，按下右上角的 ✕「關閉」鈕結束 Word 程式。

11 下次要再次開啟檔案時，只需在桌面上選擇「公司傳真封面.docx」檔案，快按滑鼠左鍵2下，即可開啟檔案。

快按滑鼠2下可開啟檔案

單元 03 公司內部公告

📀 範例檔案：PART 1\Ch03 公司內部公告

```
              開會通知
與會部門：行政管理部
開會時間：108 年 5 月 31 日 ( 星期五 ) 下午二時正
開會地點：公司會議室
開會內容：
    1.落實訪客登記制度
    2.應徵新進人員標準流程
    3.檢討消耗性物品管理缺失
    4.討論 6 月份慶生會相關事項。

                         行政管理部 108.5.27
```

公司內部公告事項有很多種類，有比較正式的人事公告，也有部門內部簡易的開會通知。本單元就以較簡易的部門開會通知為範例，利用簡單的字型大小變化以及文字對齊方式等基本功能，完成一份公司內部公告。

範例步驟

1 利用一些 Word 的基礎功能，就可以將內部開會通知製作的有模有樣喔！開啟 Word 程式，快按「空白文件」圖示鈕 2 下，建立空白文件。

快按此圖示鈕 2 下

2 新增的 Word 文件會自動以「文件 1」作為檔案名稱，文件起點也會出現可輸入文字的編輯插入點，準備開始輸入文字。

3 首先依照下表輸入文字。Enter 表示按下 Enter 鍵；Shift + Enter 表示同時按下 Shift 鍵及 Enter 鍵。

開會通知 Enter

與會部門：行政管理部 Enter

開會時間：108 年 5 月 31 日（星期五）下午二時正 Enter

開會地點：公司會議室 Enter

開會內容： Enter

1. 落實訪客登記制度 Shift + Enter

2. 應徵新進人員標準流程 Shift + Enter

3. 檢討消耗性物品管理缺失 Shift + Enter

4. 討論 6 月份慶生會相關事項。

輸入完成後，將游標移到第 4 點下方約 2 列的列首位置，快按滑鼠左鍵兩下，可直接將編輯插入點移到此處。

4 出現編輯插入點後，繼續輸入文字「行政管理部 108.5.27」。

5 預設的中文字型為「新細明體」，本範例要將文字變更成「微軟正黑體」。切換到「常用」功能索引標籤，在「編輯」功能區中，按下「選取」清單鈕，執行「全選」指令，選取所有文字。

6 繼續在「常用」功能索引標籤，到「字型」功能區中，按下字型旁的清單鈕，重新選擇字型為「微軟正黑體」，此時內文也能同步預覽變更。

7 通常公告的字體要較大一些,因此在「常用\字型」功能區中,按下字型大小旁的清單鈕,重新選擇字型大小為「18」,以便張貼時閱讀。

8 將游標移到第一行文字前方,按下滑鼠左鍵,選取整行文字。

9 因為是標題文字,因此再次修改字型大小為「24」,接著在「常用\段落」功能區中,按下 ≡「置中」對齊圖示鈕,將標題文字於文件置中對齊。

10 同樣將滑鼠移到標號1文字前方，按住滑鼠左鍵用拖曳的方式，直到標號4後放開滑鼠，選取連續4行文字。在「常用\段落」功能區中，按下 「增加縮排」圖示鈕2下，將標號處文字向後縮排。

11 選取最後一行文字，同樣也在「常用\段落」功能區中，按下 「靠右對齊」圖示鈕，將文字靠齊紙張右邊界。

12 文件編排完成後，可以進行列印或存檔的工作，按下「檔案」功能索引標籤。

13 首先切換到「列印」索引標籤，可先預覽列印的效果。如果文件沒有其他問題，則可按下「列印」鈕，進行列印的工作。

14 接著按下「儲存檔案」索引標籤，如果是以「開啟舊檔」方式開啟的文件，當按下此鈕後，則會自動儲存後回到編輯視窗。

15 本範例是直接以新增空白文件開始編輯，因此會自動跳到「另存新檔」索引標籤。選擇儲存到「電腦」中，選擇儲存到「文件」資料夾。若要選擇其他資料夾，則按下「瀏覽」鈕即可。

16 另外開啟「另存新檔」對話視窗，此時 Word 會以第一行文字作為預設的檔案名稱，若要修改則直接輸入新名稱即可，按下「儲存」鈕則完成儲存的工作。

自動顯示檔名

按此鈕

17 當再次開啟 Word 程式，或開啟舊檔時，最近儲存或使用過的檔案名稱，會顯示在「最近」工作窗格中，可直接按下檔案名稱，則可再次開啟編輯文件。

最近使用過的檔案名稱

範例檔案：PART 1\Ch04 公司專用信箋

單元 04 公司專用信箋

行政部門不管對公司內部或是外部，常常會有行政文書方面的往來。就像公司會印刷專屬的信封一樣，文書處理也能設計專屬的公司專用信箋。

範例步驟

1. 本單元主要是利用「頁首及頁尾」功能，搭配一些繪圖工具，製作專屬的信箋。開啟 Word 程式並新增空白文件，因為頁首必須加入公司 Logo 及名稱，預設邊界所預留的空間可能不夠，因此先要調整邊界設定。切換到「版面配置」功能索引標籤，在「版面設定」功能區中，按下「邊界」清單鈕，執行「自訂邊界」指令。

2 開啟「版面設定」對話方塊，切換到「邊界」索引標籤，設定上邊界：「3.5 公分」、下邊界「2.5」公分、左邊界「2 公分」和右邊界「2 公分」，設定完成按「確定」鈕即可。

1 切換到此索引標籤
2 輸入自訂邊界
3 按「確定」鈕

3 接著切換到「插入」功能索引標籤，在「頁首及頁尾」功能區中，按下「頁首」清單鈕，執行「編輯頁首」指令。

1 切換到此索引標籤
上邊界較寬可以設計頁首
2 按此清單鈕
3 執行此指令

4 此時會出現「頁首及頁尾工具」功能索引標籤，而編輯插入點會移到頁首位置，輸入公司名稱「奕宏國際旅行社有限公司」。

出現「頁首及頁尾工具」索引標籤
輸入公司名稱
奕宏國際旅行社有限公司

5 選取公司名稱文字,切換到「常用」功能索引標籤,重新設定字型「微軟正黑體」、「粗體」,字型大小「28」,並將文字「靠右對齊」。

6 切換到「插入」功能索引標籤,在「圖例」功能區中,執行「圖片」指令。

7 開啟「插入圖片」對話方塊,選擇範例檔中「範例圖檔」資料夾,選擇「短 LOGO」圖檔,按「插入」鈕。

8 圖片被插入到文件中。按下圖片旁的「版面配置選項」智慧標籤，選擇「文字在前」的文繞圖樣式。

9 切換到「圖片工具\格式」功能索引標籤，在「大小」功能區中，修改圖片大小為高「2.2公分」及寬「4.9」公分，再使用拖曳的方式，將圖片移到左上角的位置。

10 公司名稱由於對齊右邊界的影響，因此太偏向右邊，可以使用縮排方式略為調整。切換到「常用」功能索引標籤，在「段落」功能區中，按下右下角的「段落設定」展開鈕。

11 開啟「段落」對話方塊,自動切換到「縮排與行距」索引標籤,設定靠右縮排「2 字元」,按「確定」鈕。

1 切換到此索引標籤
2 設定縮排字元數
3 按此鈕

12 切換到「頁首及頁尾工具\設計」功能索引標籤,在「頁首及頁尾」功能區中,按下「頁尾」清單鈕,選擇「回顧」頁尾樣式。

1 切換到此索引標籤
2 按此清單鈕
公司名稱離右邊界 2.5 字元寬度
3 選擇此樣式

13 套用預設的頁尾樣式。由於頁尾有一條藍色的線條,為了美觀起見,也可以在頁首部分設計對襯的線條。在「頁首及頁尾工具\設計\導覽」功能區中,執行「移至頁首」指令。

執行此指令
頁尾套用指定樣式

14 切換到「插入」功能索引標籤，在「圖例」功能區中，按下「圖案」清單鈕，選擇繪製「矩形」圖案。

15 此時游標會變成 ✚ 符號，先將游標移到公司名稱前方，按下滑鼠左鍵，使用拖曳的方式，拖曳出一條長矩形線條，到公司名稱後方放開滑鼠，完成圖案繪製。

16 此時會出現「繪圖工具」功能索引標籤，在「格式」子標籤中，按下「大小」清單鈕，修改圖形高度「0.1」公分寬、寬度「12」公分。

17 接著在「繪圖工具\格式\圖案樣式」功能區，按下「圖案外框」清單鈕，執行「無外框」指令，取消長矩形的外框線。

18 設計完「頁首及頁尾」後，切換到「頁首及頁尾工具\設計」功能索引標籤，按下「關閉頁首與頁尾」圖示鈕。

19 按下快速存取工具列的 🖫「儲存檔案」圖示鈕。或是切換到「檔案」工作頁面，執行「另存新檔」指令。

20 開啟「另存新檔」工作視窗，選擇儲存到本機「這台電腦」中的「文件」資料夾。

21 開啟「另存新檔」對話視窗，按下「存檔類型」右邊的下拉式清單鈕，選擇「Word 範本」存檔類型。

22 檔案會自動選擇儲存到「文件」中的「自訂 Office 範本」子資料夾，接著輸入公司名稱「公司專用信箋」後，按「儲存」鈕，完成公司專屬信箋的設計工作。

23 下次要使用公司信箋，只要開啟 Word 程式，切換到「個人」範本資料夾，選取「公司專用信箋」範本檔，快按滑鼠兩下即可開啟。

1 切換到此

2 快按範本檔名稱 2 下

24 Word 會以「新增檔案」形式開啟，並自動給「文件1」的檔案名稱。當輸入完畢按下「儲存檔案」鈕時，也會出現「另存新檔」的工作視窗。

以新檔案方式開啟

> 範例檔案：PART 1\Ch05 訪客登記表

單元 05 訪客登記表

公司員工進出辦公室時，通常都有門禁卡或是員工識別證可供辨識，但是外來的廠商或訪客，建議填寫訪客基本資料後，給予訪客識別證，才能進出辦公室，作為門禁控管的方法。

範例步驟

1. 本單元將介紹定位點和表格的基礎功能，請開啟 Word 程式並新增空白文件。在第一行輸入文字「訪客登記表」，輸入完成後，按下「常用\樣式」清單鈕，選擇「標題1」編輯樣式。文字會被自動設定為字型「新細明體（標題）」、字型大小「26」及「粗體」。

2 接著要在文件中開啟尺規顯示，以方便設定定位點。先切換到「檢視」功能索引標籤，在「顯示」功能區中，勾選「尺規」項目。

3 文件出現垂直及水平的尺規，在兩尺規交界處有 ⌐ 「靠左定位點」符號，按一下 ⌐ 符號，讓定位點變成 ⊥ 「置中定位點」符號。

4 將游標移到水平尺規上約 17 公分處（文件編輯區水平中央位置），按一下滑鼠左鍵設定「置中定位點」。

5. 此時尺規 17 公分處會出現一個「置中定位點」的符號。移動編輯插入點到第一行文字前方，按下【Tab】鍵，讓文字以定位點為中心置中對齊。

6. 接著移動編輯插入點到第一行文字最後方，按下【Enter】鍵，換行後會自動回到「內文」編輯樣式，也就是字型大小回到「12」。（若是直接調整字型大小時，換行後會延續上一行的字型設定。）

7. 接著要繪製表格，先切換到「插入」功能索引標籤，按下「表格」鈕，以滑動游標選擇插入「7x8」的表格範圍，按一下滑鼠左鍵即完成插入表格。

8 插入表格後，會出現「表格工具」功能索引標籤，包含「設計」及「版面配置」兩個子索引標籤。分別在表格第一行中，輸入標題文字「日期」、「訪客姓名」、「來訪原因」、「部門／人員」、「到訪時間」、「離開時間」及「備註」，共七個表格標題文字。

顯示「表格工具」功能表標籤

輸入表格標題

9 由於文件邊界有點寬，導致表格有點擠，不妨修改文件邊界。切換到「版面配置」功能索引標籤，在「版面設定」功能區中，按下「邊界」清單鈕，選擇「窄」邊界樣式。

1 切換到此索引標籤
2 按此圖示鈕
3 選擇此樣式

10 文件編輯區變寬了，可以將欄寬加寬一些，讓標題文字在同一行。首先切換到「表格工具＼版面配置」功能索引標籤，在「儲存格大小」功能區中，按下「自動調整」清單鈕，執行「自動調整內容」指令。

1 切換到此索引標籤
2 按此清單鈕
3 執行此指令

表格不夠寬，文字會自動換行

邊界變窄，多了一些空間可運用

11 表格寬度依照文字長度自動調整欄寬。接著同樣在「儲存格大小」功能區中,按下「自動調整」清單鈕,執行「自動調整成視窗大小」指令,將整個表格調整與文件編輯區同寬。

12 表格變寬之後,可將標題文字從靠左方對齊改成置中對齊。選取表格第一列,在「表格工具 \ 版面配置 \ 對齊方式」功能區中,按下 「對齊中央」圖示鈕,也就是水平垂直都置中對齊。

13 表格只有 8 列似乎太浪費紙張,不妨多加幾列。當游標移到表格第一欄前方、列與列交界處,則會出現 ⊕ 符號,按下「加號」,則可以在下方新增一列。

14 如果一次要加很多列,可以先選取多列表格,在「表格工具\版面配置\欄與列」功能區中,執行「插入下方列」指令,依相同方法將總列數加到 16 列(含標題)。

15 將游標移到最後一列的下框線位置,當游標符號變成 ,按住滑鼠左鍵,向下方拖曳調整列高到接近文件下邊界。

16 將游標移到表格的左上方 位置,當游標變成 符號,按一下滑鼠左鍵,則可選取整張表格。

17 執行「表格工具\版面配置\儲存格大小\平均分配列高」指令,調整表格列高成相同高度。

18 因為調整過邊界,因此原本在 17 公分處的置中定位點,已經不在文件中央。先將編輯插入點移到第一行表格標題處,再將游標移到「置中定位點」符號上方,按住滑鼠左鍵,用拖曳的方式將定位點移到約 22 公分處,放開滑鼠即完成調整定位點。

範例檔案：PART 1\Ch06 電話記錄表

單元 06 電話記錄表

待在辦公室總覺得有接不完的電話，有時候是長官交辦事情；有時候是隔壁同事不在座位上，請你代為轉告；有時候是客戶詢問進度，或廠商詢問貨款…等，諸如此類的不堪其擾。這時候為了避免事多忘記，還是拿紙筆記錄下來，一一解決。

範例步驟

1 首先要利用公司專用信箋的範本檔製作電話記錄表，開啟範例檔選擇「Ch06 公司信箋範本檔.dotx」，按下「開啟」鈕。

1 選此範本檔

2 按此鈕

2 以新文件的方式開啟範本檔,在第一行輸入標題文字「電話記錄表」,輸入完反白選取文字,首先將字型設為「微軟正黑體」、「粗體」、字型大小改為「16」,並設定文字「置中」對齊,最後按下 ✖▼「常用\段落\亞洲配置方式」清單鈕,選擇「字元比例」中的「150%」,將文字放寬1.5倍。

3 將編輯插入點移到下一行,按下「插入\表格」鈕,選擇插入「4x2」表格,也就是4欄2列的表格範圍。

4 在第一列分別輸入表格標題「日期」、「時間」、「來電單位\姓名」和「處理事項」,由於受到文字格式延續標題文字,因此輸入完畢後,將游標移到第一列表格前方,當游標變成 ⇘,按一下滑鼠左鍵則可選取整列,將字型大小改為「14」,按下 ✖▼「常用\段落\亞洲配置方式」清單鈕,選擇「字元比例」中的「100%」恢復正常。

5 將游標移到表格第一欄上方,當游標變成 ↓ 符號,按下滑鼠左鍵選取整欄。切換到「表格工具\版面配置」功能索引標籤,按下「表格欄寬」的調整鈕,將寬度調整為「2公分」。依相同方法將第2~4列分別調整為「3公分」、「4公分」和「8公分」。

6 接著在第2列第4欄輸入文字「索取資料」、「留言內容」、「回電」和「其他」,輸入完成選取整列2,將字型變更回「新細明體」、字型大小改為「12」,取消「粗體」,並設定文字「靠左對齊」方式。最後按下「常用\段落\亞洲配置方式」清單鈕,選擇「字元比例」中的「100%」恢復正常比例字元。

7 切換到「插入」功能索引標籤,按下「圖案」清單鈕,選擇「矩形」圖案。

8 此時游標會變成 ✚ 符號，將游標移到「索取資料」文字前方，按住滑鼠左鍵，使用拖曳的方式繪製矩形。

9 選取剛繪製的矩形，切換到「繪圖工具\格式」功能索引標籤，在「大小」功能區中，調整矩形大小為高度「0.4 公分」、寬度「0.4 公分」的正方形方塊。

10 繼續選取矩形方塊，在「繪圖工具\格式\排列」功能區中，按下「文繞圖」清單鈕，選擇「緊密」的文繞圖樣式。

11 還是選取矩形方塊,繼續在「繪圖工具\格式\圖案樣式」功能區中,按 ▲ 向上箭頭到第一列,選擇「色彩外框-黑色,深色1」圖案樣式。

12 選取矩形方塊,按住【Ctrl】鍵,拖曳複製矩形方塊到下方選項,共要複製三個。

13 按住【Shift】鍵,選取四個矩形方塊,在「繪圖工具\格式\排列」功能區中,按下「對齊」清單鈕,選擇執行「靠左對齊」指令。

14 矩形方塊乖乖靠左對齊。繼續在「繪圖工具 \ 格式 \ 排列」功能區中，按下「對齊」清單鈕，執行「垂直均分」指令，讓矩形方塊保持良好距離。

15 將游標插入點移到「索取資料」後方，先按下 U「常用 \ 字型 \ 底線」鈕，再按下鍵盤上的空白鍵，插入空白字元藉以繪製底線。依相同方法將下方選項空白處也加上底線。

16 將游標移到表格第一列的前方，當游標變成 ⇗，按一下滑鼠左鍵則可選取整列，執行 「常用 \ 剪貼簿 \ 複製」指令。

17 將編輯插入點移到表格下方，執行「常用\剪貼簿\貼上」指令，每執行一次就貼上一列，共要執行 6 次。

18 將游標移到最後一列的下框線，當游標符號變成 ✥，按住滑鼠左鍵，用拖曳的方式調整列高到接近尺規 35 的位置。

19 接著將表格平均分配列高，選取表格標題以外的表格範圍，在「表格工具\版面配置\儲存格大小」功能區中，執行「平均分配列高」指令。

20 最後套用預設的表格樣式，快速為表格換上新裝。切換到「表格工具＼設計」索引標籤，按下「表格樣式」旁的 ▼「其他」清單鈕，選擇「格線表格 4- 輔色 5」表格樣式。

選擇套用此樣式

21 套用表格樣式快速完成美化工作。

套用表格樣式

單元 07 交寄郵件登記表

範例檔案：PART 1\Ch07 交寄郵件登記表

隨著網路發達，許多文件可以靠網路傳輸檔案，但是重要文件或是實體物件，還是要倚靠傳統的郵局寄送服務。寄出的郵件為避免遺失，交寄的記錄最好保存下來，以方便日後查詢使用。

範例步驟

1 請先開啟範例檔「Ch07 交寄郵件登記表 (1).docx」，本單元要繼續介紹表格工具的功能。先選取包含「投遞方式」旁的 6 個儲存格，切換到「表格工具\版面配置」索引標籤，在「合併」功能區中，執行「合併儲存格」指令。

2. 原本 6 個儲存格合併成單一儲存格。接著將游標移到「收據浮貼處/貨單編號」表格標題上方，當游標變成 ↓ 符號，按住滑鼠左鍵，向右拖曳選取 2 欄，在「表格工具\版面配置\合併」功能區中，執行「分割儲存格」指令。

3. 開啟「分割儲存格」對話方塊，將原本欄數「2」修改成欄數「1」，列數維持不變，確定勾選「分割儲存格前先合併」選項，按下「確定」鈕。

4. 明明是執行分割儲存格，結果卻有合併的效果。繼續選取「收據浮貼處/貨單編號」表格標題及下方共 2 個儲存格，執行「表格工具\版面配置\合併儲存格」指令。

5 利用分割及合併儲存格,從原本的兩欄變成 1 整欄,取代刪除整欄功能。接著選取「交寄日期」、「寄件人/單位」、「收件人/單位」及下方儲存格共 6 個,執行「表格工具\版面配置\分割儲存格」指令。

6 開啟「分割儲存格」對話方塊,將原本列數「2」修改成列數「1」,欄數維持不變,確定勾選「分割儲存格前先合併」選項,按下「確定」鈕。

7 因為原本欄寬不同,合併後會平均分配欄寬,因此還要再調整。將游標移到「交寄日期」和「寄件人/單位」交界處,當游標變成 ↔ 符號,按住滑鼠左鍵,向左拖曳到與原本欄寬相同,即可放開滑鼠。

8 依照相同方法，將游標移到「寄件人／單位」和「收件人／單位」交界處，調整欄寬與原表格一致。

9 選取「快捷」~「印刷品」等6個儲存格，在「常用\段落」功能區中，按下「行距與段落間距」清單鈕，執行「行距選項」指令。

10 開啟「段落」對話方塊，按下「單行間距」旁清單鈕，將行距改成「固定行高」。

11 繼續設定行高為「15」點,完成後按下「確定」鈕。

　　1 按此清單鈕
　　2 改選此項

12 調整後的行高比較小,字與字的距離變得比較近。當表格長度超過第二頁時,就不會有表首名稱及標題列,如果希望同時出現,必須將表首包含在表格裡面。

標題字距變近

第二頁沒有表頭及標題列

13 將編輯插入點移到表格任何儲存格中,切換到「表格工具\版面配置」索引標籤,在「繪圖」功能區中,執行「手繪表格」指令。

執行此指令

單元 07　交寄郵件登記表 | 061

14 此時游標會變成 ✏ 符號，將游標符號移到上邊界和左邊界交界處，按住滑鼠左鍵，此時游標會變成 ✥✏ 符號，繼續按住滑鼠，拖曳游標到原表格的右上角位置，繪製出新增表格的範圍，放開滑鼠即完成手繪表格。

15 表首名稱納入表格範圍，並自動繪製框線，但要看起來和原本相同不是屬於表格，就必須取消部分框線。再執行一次「表格工具 \ 版面配置 \ 繪圖 \ 手繪表格」指令，可取消繪製表格功能，將編輯插入點移到表首標題儲存格中。

16 切換到「表格工具 \ 設計」索引標籤，在「框線」功能區中，按下「框線」清單鈕，按一下「上框線」，則可取消上框線。

17 重複按下「框線」清單鈕,依序再取消「左框線」和「右框線」。下框線與原本表格的上框線重疊共用,因此不可取消。

18 選取表首名稱和標題列共 3 列,切換到「表格工具\版面配置」索引標籤,在「資料」功能區中,執行「重複標題列」指令。

19 第二頁出現表首名稱和標題列,如果表格持續增加到第三頁,也會出現標題列,實務上也可以搭配「頁碼」一起應用。

單元 08 分機座位表

範例檔案：PART 1\Ch08 分機座位表

一般公司行號中總機會有一張公司的分機表，大多都是以列表的方式展示。如果能將分機表配合公司座位分佈平面圖，那麼將可以成為增加同事之間互相認識的重要媒介。

範例步驟

1. 請先開啟範例檔「Ch08 分機座位表 (1).docx」，首先利用圖案繪製出公司大門的位置。切換到「插入」功能索引標籤，在「圖例」功能區中，按下「圖案」清單鈕，選擇「半框架」圖案。

   1. 按此清單鈕
   2. 選擇此圖案

2 當游標變成 ✚ 符號，按住滑鼠左鍵，使用拖曳方式繪製圖案。

3 放開滑鼠完成圖案繪製，切換到「繪圖工具\格式」功能索引標籤，在「大小」功能區中，輸入圖案大小高度「1.2 公分」、寬度「1.2 公分」。接著在「圖案樣式」功能區中按下 ▼「其他」清單鈕，選擇其他圖案樣式。

4 在其他樣式清單中，選擇「輕微效果 - 灰色，輔色 3」樣式。

5 圖案變成灰色，繼續選取此圖案，同時按下【Ctrl】鍵及滑鼠左鍵，拖曳複製圖案到上方空白處。

6 選取複製的圖案，切換到「繪圖工具\格式」功能索引標籤，在「排列」功能區中，按下「旋轉」清單鈕，執行「垂直翻轉」指令。

7 選取的圖案上下顛倒。再繼續繪製圖案之前，先開啟輔助線，方便圖案對齊位置參考。繼續在「排列」功能區中，按下「對齊」清單鈕，執行「使用對齊輔助線」指令。

8 當移動圖案到段落位置時，就會顯示對齊輔助線，方便圖案移動到適當位置。

9 接著要繪製總機櫃台位置，再次切換到「插入」功能索引標籤，在「圖例」功能區中，按下「圖案」清單鈕，選擇 ⌒「拱形」圖案。

10 拖曳繪製出圖案後，切換到「繪圖工具\格式」功能索引標籤，在「大小」功能區中，輸入圖案大小高度「2.4 公分」、寬度「2.4 公分」。

單元 08　分機座位表 | *067*

11 將游標移到拱形圖案上方 ⟳「自由旋轉」鈕位置，當游標符號變成時，按住滑鼠左鍵，向左旋轉 90 度後，放開滑鼠完成旋轉圖案。

將圖片旋轉 90°

12 繼續在「繪圖工具\格式\圖案樣式」功能區中，按下 ⬥ ▾「圖案填滿」清單鈕，按下「材質」樣式清單鈕，選擇「橡樹」樣式。

1 按此清單鈕
2 按「材質」清單鈕
3 選此材質

13 圖案填滿色彩變成木頭材質，圖案外框也該搭配相同色系。按下 ▾「圖案外框」清單鈕，選擇「金色, 輔色 4, 較深 50%」色彩。

1 按此清單鈕
圖案換上新的色彩
2 選此色彩

14 接著就要輸入員工姓名及分機號碼。再次在「插入\圖例」功能區中，按下「圖案」清單鈕，選擇插入 「文字方塊」。

15 在櫃台拱形圖案右方，拖曳繪製出文字方塊。

16 在文字方塊中輸入總機姓名及分機號碼等文字資訊，輸入完成後，在「繪圖工具\格式\大小」功能區中，修改文字方塊大小為高度「2.2 公分」、寬度「2.2 公分」。

單元 08　分機座位表 | *069*

17. 按住【Shift】鍵，分別點選拱形圖案及文字方塊，同時選取兩個圖案。在「繪圖工具\格式\排列」功能區中，按下「對齊」清單鈕，執行「垂直置中」指令。

18. 兩個物件相對水平置中對齊。改選取文字方塊並在「圖案樣式」功能區中，套用「溫和效果-藍色,輔色5」樣式。接著在「插入圖案」功能區中，按下「其他」清單鈕，選擇插入「圓角矩形」圖案。

19. 在文字方塊右方拖曳繪製出圓角矩形圖案，將圖案套用「溫和效果-金色,輔色4」樣式，並調整大小為高度「2公分」、寬度「5公分」。

20 將游標移到圓角矩形左上角 ● 黃色小圓點「控制點」的位置，當游標變成 ▷ 符號，按住控制點調整圓角範圍到最大，放開滑鼠完成調整。

21 繼續選取圓角矩形圖案，按下滑鼠右鍵，執行「新增文字」指令。

22 圖案中會出現編輯插入點，直接輸入文字「會客室」，輸入完將游標點選圖形外任何位置即可結束。

23 由於每個圖案都是獨立的物件，如果要調整整個區域的位置，還要一個一個移動，十分麻煩，不妨將區域物件群組起來，則可以一次移動群組內所有物件的位置。首先在「常用 \ 編輯」功能區中，按下「選取」清單鈕，執行「選取物件」指令，先選取群組範圍的物件。

24 當游標變成 ✛ 符號，使用拖曳的方式，選取群組範圍的物件。

25 範圍內的圖案物件都被選取，在「繪圖工具 \ 格式 \ 排列」功能區中，按下「組成群組」清單鈕，執行「組成群組」指令。

26 選取整個群組對齊段落,接著依照步驟介紹的技巧,完成公司的分機座位表。

移動整個群組,對齊段落

單元 09　支出證明單

範例檔案：PART 1\Ch09 支出證明單

公司行號的費用支出都需要有記帳憑證，一般來說都要在發票或收據上，登載公司的統一編號，才能在稅務上核銷費用。但是偏偏有些地方的消費，是無法開立發票或收據的，例如傳統市場，這時候就需要由請購人自行出具支出證明單，經由主管同意認可，作為公司內部的記帳憑證。

範例步驟

1. 請先開啟範例檔「Ch09 支出證明單 (1).docx」，Word 預設的紙張大小為 A4，但有一些文件需要其他尺寸的頁面，就必須自行修改。切換到「版面配置」功能索引標籤，在「版面設定」功能區中，按下「大小」清單鈕，執行「其他紙張大小」指令。

2 開啟「版面設定」對話方塊,在「紙張」索引標籤中,直接輸入紙張高度「14.5 公分」,也就是約半張 A4 紙張大小,按下「確定」鈕。

3 只選取表格標題文字「支出證明單」,不要選到 ↵ 段落符號,在「常用\段落」功能區中,按下 🔳「分散對齊」鈕。

4 開啟「最適文字大小」對話方塊,輸入新文字寬度「7 字元」,按「確定」鈕。

5 將編輯插入點移到第二行，輸入文字「請款人：」。接著將游標移到水平尺規上方約 14 位置，按一下滑鼠左鍵，插入 ㄴ「靠左定位點」。

6 編輯插入點原本在文字「請款人：」後方，按一下【Tab】鍵，將編輯插入點移到 14 位置，也就是「靠左定位點」位置，輸入文字「所屬部門：」。接著將游標移到水平和垂直尺規交叉位置，目前顯示為 ㄴ「靠左定位點」，按 2 下符號，使定位點變成 ㅣ「靠右定位點」。

7 接著將游標移到水平尺規上方約 28 位置，按一下滑鼠左鍵，插入 ㅣ「靠右定位點」。

8 編輯插入點原本在文字「所屬部門：」後方，按一下【Tab】鍵，將編輯插入點移到 28 位置，也就是「靠右定位點」位置，輸入文字「部」。接著在水平尺規約 30 位置，插入「靠左定位點」，並輸入文字「申請日期：年 月 日」。

9 接著插入「1x3」表格，分別在表格第 1~3 列輸入文字「科目」、「事由」和「不能取得單據原因」。切換到「表格工具\版面配置」功能索引標籤，在「繪圖」功能區中，執行「手繪表格」指令。

10 此時游標會變成 ℓ 符號，將游標移到水平尺規「6」及垂直尺規「4」交叉位置，按住滑鼠左鍵開始繪製表格框線。

單元 09　支出證明單 | *077*

11 拖曳繪製表格框線，繪製完成放開滑鼠即可。

12 繼續在「15」和「24」位置繪製框線，但只需繪製一列高度即可。

13 在新繪製的儲存格中輸入文字「支出金額」，接著選取第 2~3 列，在「表格工具 \ 版面配置 \ 儲存格大小」功能區中，調整表格高度為「2 公分」。

14 繼續選取第 2~3 列，在「表格工具＼版面配置＼對齊方式」功能區中，按下 「置中對齊」鈕。

15 按住【Ctrl】鍵，選取 4 個表格標題，在「常用」功能索引標籤中，將字型設定為 **B**「粗體」，並按下 「分散對齊」鈕，將標題文字在儲存格中分散對齊。

16 最後在表格下方，利用定位點加上審核簽章的位置即可。

單元 10　商品訂購單

範例檔案：PART 1\Ch10 商品訂購單

公司採購商品時，都會先向廠商詢問報價，針對報價有時候還有議價空間，雙方約定好價格後，為了避免口說無憑，因此會在商品訂購單載明商品品號、規格、單價及數量，作為買賣憑證。

範例步驟

1. 別以為只有 Excel 試算表才有計算功能，Word 表格也可以做一些簡易的計算，請先開啟範例檔「Ch10 商品訂購單 (1).docx」，將游標插入點移到「總價」下方第一個儲存格，切換到「插入」索引標籤，在「文字」功能區中，按下「快速組件」清單鈕，執行「功能變數」指令。

2 開啟「功能變數」對話方塊，預設的功能變數名稱為「=(Formula)」，直接按下「公式」鈕。

3 另外開啟「公式」對話方塊，公式空白處會自動顯示「=」號，按下「加入函數」清單鈕，選擇「PRODUCT」函數。

4 「=」後方會出現「PRODUCT」函數，在括號中間輸入函數引數「left」，也就是將左邊儲存格的數值相乘。接著按下「數字格式」清單鈕，選擇「#,##0」數字格式。

5 確認公式為「=PRODUCT(left)」後，按「確定」鈕。

6 總價中出現「0」,表示沒有資料可以相乘,因此在數量和單價中輸入測試數字,但總價中還是沒有變化。此時選取總價中的功能變數,按滑鼠右鍵開啟快顯功能表,執行「更新功能變數」指令。

7 總價中顯示計算後的數值結果。將游標插入點移到「訂購總額」後方的儲存格,同樣在「插入\文字」功能區中,按下「快速組件」清單鈕,執行「功能變數」指令。

8 在開啟「功能變數」對話方塊,直接按下「公式」鈕,另外開啟「公式」對話方塊。由於上方儲存格已經有數值,因此 Word 會很貼心的自動顯示參考的函數,剛好就是需要的「SUM」加總函數,並且設定好函數引數「ABOVE」,也就是加總上方儲存格,選擇數字格式後,按「確定」鈕即可。

9 訂購總價處將顯示計算出來的總額。由於使用功能變數計算不會因為數值變動而立刻更新，使用時候要特別小心，而引數也只是概括使用左方和上方儲存格，因此在函數設定的範圍內，不要出現其他數值，例如「單位和規格」欄位不要只輸入「3.5」，最好加上文字「3.5 吋」，以免計算錯誤。

10 選取主要表格範圍共 7 列，在「表格工具\設計\框線」功能區中，按下「畫筆粗細」清單鈕，選擇「1 1\2pt」寬度。

11 繼續在「表格工具\設計\框線」功能區中，按下「框線」清單鈕，選擇「外框線」。

單元 10　商品訂購單 | *083*

12 接著改選訂購總額 3 個儲存格範圍，利用框線的變化造成同一儲存格的效果。按下「框線」清單鈕，選擇「無框線」，將此範圍的框線全部取消。

13 繼續按下「框線」清單鈕，選擇「外框線」，加上此範圍的外框線，造成同一儲存格的效果。

14 按住【Ctrl】鍵改選主要表格區第 1 列和第 7 列，按下「框線」清單鈕，再次選擇「外框線」，利用較粗外框線加強此 2 列的重要性。

15 繼續選取第 1 列和第 7 列，按下「網底」清單鈕，選擇「金色,輔色 4, 較淺 80%」網底色彩，使用色彩的變化也可區隔此 2 列與其他列性質不同。

16 除了粗體、斜體及加上底線外，一般文字還可以設定文字效果，增加文字的變化性。選取公司名稱，按下 A ▼「文字效果與印刷樣式」清單鈕。

17 在預設樣式下方選擇「陰影」類別，選擇「外陰影\右上方」樣式。

18 利用不同的文字效果，可以讓公司名稱更明顯而且美觀。

單元 11 付款簽收單

範例檔案：PART 1\Ch11 付款簽收單

通常廠商出貨給公司大多採取月結式，固定時間統計出總金額後，開立統一發票向公司請款。公司將發票彙整後，透過請款程序開立支票或現金支付相關貨款，不論用哪一種方式支付，最好都要留下付款的證據，讓已收款的廠商簽名為憑。

範例步驟

1. 有些表單是以 Excel 設計而成，如果要轉換成 Word 文件有幾個做法，最直覺的方法就是直接從 Excel 複製。先同時開啟範例檔「Ch11 付款簽收單 (1).docx」及「Ch11 付款簽收單 .xlsx」，首先先在 Excel 程式選取表格範圍 A1:G18，按滑鼠右鍵開啟快顯功能表，執行「複製」指令。

單元 11 付款簽收單 | *087*

2 切換到 Word 程式，按滑鼠右鍵開啟快顯功能表，執行 「保持來源格式設定」指令。

3 Excel 表格被貼到 Word 文件中，在「表格工具＼版面配置＼儲存格大小」功能區中，按下「自動調整」清單鈕，執行「自動調整成視窗大小」指令，讓表格配合新文件邊界。

4 選取表格中項次數字部分的儲存格，在「表格工具＼版面配置＼對齊方式」功能區中，執行「直書／橫書」指令，將數字呈現直向文字。

5 選取「支付明細」範圍整列儲存格，將游標移到第 1 欄框線位置，當游標變成 ↔ 符號，按住滑鼠左鍵，向左拖曳調整欄寬。

2 將游標移到此，拖曳調整欄寬

1 選此儲存格範圍

6 注意到了嗎？當有選取範圍時，拖曳調整欄寬只會變動選取範圍內的欄位，未選取的其他表格部分，不會受到影響。依相同方法陸續調整該範圍的欄寬。

陸續調整欄寬

7 改選表格標題，在「常用＼段落」功能區中，按下 ≡「置中對齊」圖示鈕。

1 改選表格標題

2 按此鈕

8. 選取金額部分的儲存格範圍,由於輸入金額時,數字會緊貼著框線,在「常用\段落」功能區右下角,按下 「段落設定」展開鈕,進行相關設定。

9. 開啟「段落」對話方塊,切換到「縮排與行距」索引標籤,選擇「靠右對齊」對齊方式,並向右縮排「1字元」,設定完成按「確定」鈕。

10. 在金額欄位任意輸入數值,將編輯插入點移到「小寫金額」右方儲存格,執行此「插入\文字\快速組件\功能變數」指令。

11 在「功能變數」對話方塊,直接按下「公式」鈕,另外開啟「公式」對話方塊。選擇加入 SUM 函數並輸入引數「E7:E11」,完整公式為「=SUM(E7:E11)」。按下數字格式旁的清單鈕,選擇「'NT$'#,##0.00;('NT$'#,##0.00)」數字格式,最後按下「確定」鈕。

1 輸入公式
2 選此數字格式
3 按此鈕

12 計算出小寫金額,選取金額數值(也就是功能變數),在「常用」功能索引標籤,按下「粗體」圖示鈕讓數值更明顯。

1 選取計算出的數值
2 按此鈕

13 最後將消失的框線補齊,再微修一些格式,調整列高到同一頁即可。選取「簽章」合併儲存格,執行「表格工具\設計\框線\右框線」指令補齊框線。

自行加上千位逗號也可以計算

1 選此合併儲存格
2 執行此指令

14 使用複製的方式將 Excel 表格轉換成 Word 文件,需要微調許多格式似乎有點麻煩。還有另外一個快速的方法,就是在 Word 插入 Excel 物件,重新開啟範例檔「Ch11 付款簽收單 (1).docx」的空白文件,切換到「插入」功能索引標籤,在「文字」功能區中,按下「物件」清單鈕,執行「物件」指令。

15 開啟「物件」對話方塊,切換到「檔案來源」索引標籤,按下「瀏覽」鈕。

16 另外開啟「瀏覽」對話方塊,選擇範例檔中「Ch11 付款簽收單.xlsx」,按「插入」鈕。

17 回到「物件」對話方塊，確認插入檔案名稱，按「確定」鈕。

18 文件中插入 Excel 表格物件，按住四周控制點可調整物件寬度。

文件中插入 Excel 物件

按住控制點調整物件寬度

19 被插入的表格物件有點類似圖片，只能看不能編輯，若要編輯必須使用原有程式。將游標移到物件區，快按滑鼠左鍵 2 下，開啟 Excel 程式進行編輯。

快按物件 2 下，開啟 Excel 程式

20 在 Word 文件中開啟 Excel 程式，在金額欄位任意輸入數值，選取 G5 儲存格，輸入公式「=SUM (E7: E11)」，計算出小寫金額。若編輯完畢，將游標移到物件區以外的文件位置，按一下滑鼠左鍵，即可回到 Word 編輯視窗。

> 範例檔案：PART 1\Ch12 出差旅費報告單

單元 12 出差旅費報告單

每次因公出差雖然花的是公司的錢，但是所有支出都必須有單據報帳，而且必須檢附相關的拜訪路程資料，以利公司會計稽核。為了避免公司任意浮報差旅費，所得稅法對差旅費支出也有固定的標準，超過的部分可是會被調整減少的喔！

範例步驟

1 由於出差機會不是非常頻繁，所以填寫表單的時候，難免會有不知道該如何填寫的情況，此時在表單旁加上一些註解，有助於使用者順利填寫表單。請先開啟範例檔「Ch12 出差旅費報告單 (1).docx」，選取交通費中的「雙鐵」文字，在「插入 \ 註解」功能區中，執行「新增註解」指令。

1 選取此文字
2 執行此指令

2 文件編輯區右方出現標記區域並插入空白的註解方塊，將編輯插入點移到註解方塊中，輸入文字「這裡指高鐵和台鐵」。

3 接著選取「起訖地點」文字，切換到「校閱」索引標籤，執行「新增註解」指令。

4 在新增的註解方塊輸入文字，依相同方法陸續在文件中，新增並輸入註解。

5 如果出差天數太多，既有表格不夠用，可以再連結其他表格做為續頁。請開啟範例檔「Ch12 出差旅費報告單 (2).docx」，選取註解方塊中文字「出差旅費明細表」，在「插入 \ 連結」功能區中，執行「連結」指令。

6 開啟「插入超連結」對話方塊，按下連結至「現存的檔案或網頁」，查詢「目前資料夾」，選擇範例檔中的「Ch12 出差旅費明細表 .docx」，最後按「確定」鈕。

7 文字出現超連結文字格式，按住【Ctrl】鍵，將游標移到超連結文字上方，當游標圖案變成符號 ，按下滑鼠左鍵追蹤超連結。

8 另一個工作視窗開啟了「Ch12 出差旅費明細表 .docx」文件，切換到「檢視」索引標籤，在「視窗」功能區中，按下「切換視窗」清單鈕，選擇「Ch12 出差旅費報告單 (2)」，即可回到原來工作視窗。

9 將編輯插入點移到表格下方，切換到「插入」索引標籤，在「文字」功能區中，按下「文字藝術師」清單鈕，選擇「填滿：淺灰，背景色彩 2; 內陰影」樣式。

10 在文字藝術師方塊中輸入文字「單據黏貼處」，輸入完成切換到「繪圖工具 \ 格式」索引標籤，在「排列」功能區中，按下「文繞圖」清單鈕，選擇「文字在前」樣式。

11 選取文字藝術師方塊，拖曳移動方塊位置對齊文件中央，然後按下「檔案」功能索引標籤，準備預覽列印結果。

12 切換到「檔案」工作視窗，選擇「列印」索引標籤，此時預覽窗格中顯示文件列印時會一併列印註解。按下視窗左上角 ←「返回」圖示鈕，回到編輯工作視窗。

13 不要列印註解的方法就是將註解隱藏起來，切換到「校閱」功能索引標籤，在「追蹤」功能區中，按下 「所有標記」旁的清單鈕，選擇「無標記」或「原稿」指令。

14 顯示註解的標記區域被隱藏起來了,因此註解也不會被列印了。

標記區域被隱藏起來

NOTES

PART 2 人事管理篇

- 13 員工請假單
- 14 因公外出申請單
- 15 在職進修申請單
- 16 應徵人員資料表
- 17 應徵人員面試記錄表
- 18 淘汰通知單
- 19 錄取通知單
- 20 職前訓練規劃表
- 21 聘用合約書
- 22 人評會考核表
- 23 在職證明書
- 24 留職停薪申請書
- 25 離職申請書
- 26 離職證明書
- 27 人員增補申請表

單元 13 員工請假單

> 範例檔案：PART 2\Ch13 員工請假單

有些公司使用一次性的請假單，每次請假都有一張，一整年下來要保存也不是那麼容易。使用個人性的員工請假卡除了響應環保之外，每次的請假記錄都記載的一清二楚，整年的資料也可以提供主管作為年終考核的參考。

範例步驟

1. 請先開啟範例檔「Ch13 員工請假單 (1).docx」，本單元將綜合前幾章介紹的功能，進一步的變化應用。由於 A4 直向的寬度太窄，表格預留可書寫的空間不足，切換到「版面配置」功能索引標籤，在「版面設定」功能區中，按下「方向」清單鈕，選擇「橫向」。

   1 按此清單鈕
   2 選此頁面方向
   可書寫的儲存格太小

2 紙張方向由直向變成橫向，頁數也由原本3頁變成4頁，為了方便調整表格長度，因此改變視窗檢視比例。切換到「檢視」功能索引標籤，在「顯示比例」功能區中，選擇「多頁」模式。

3 編輯視窗中顯示2頁寬的頁面。選取第3、4頁多餘的表格範圍，留下最後一列小計列不要選取，切換到「表格工具\版面設置」功能索引標籤，在「列與欄」功能區中，按下「刪除」清單鈕，執行「刪除列」指令。

4 第3頁只留下小計列。選取小計列，按滑鼠右鍵開啟快顯功能表，執行「複製」指令。

5 將編輯插入點移到第 1 頁最後一行，按滑鼠右鍵開啟快顯功能表，在「貼上選項」中，執行「以新列插入」指令。

1 將游標移到此列
2 按滑鼠右鍵，執行此指令

6 第 1 頁最後一行插入小計列，依相同方式在第 2 頁最後一行插入小計列。選取第 3 頁剩下的 3 列表格，按滑鼠右鍵，執行「刪除列」指令。

插入小計列
1 選此 3 列
2 按滑鼠右鍵，執行此指令

7 此時第三頁仍留有編輯插入點，列印時若沒特別設定，將會印出空白頁，不妨按滑鼠右鍵，執行「段落」指令。

1 編輯插入點
2 按滑鼠右鍵，執行此指令

8 開啟「段落」對話方塊,切換到「縮排與行距」索引標籤,「行距」選擇「固定行高」,「行高」選擇「1 點」,按「確定」鈕。

9 此時編輯插入點在表格下方與邊界的空白處,由於行高只有「1 點」,幾乎被隱藏起來。接著要編輯細部,因此執行「檢視\顯示比例\頁寬」指令,恢復原本的檢視比例。

10 選取表首名稱「請假卡」,切換到「常用」功能索引標籤,在「字型」功能區中,按下 U ▼「底線」清單鈕,選擇「雙底線」樣式。

11 表首名稱已經加上雙底線。切換到「插入」功能索引標籤，在「頁首及頁尾」功能區中，按下「頁首」清單鈕，選擇「空白」樣式。

12 切換到「頁首及頁尾工具\設計」功能索引標籤，在「選項」功能區中，勾選「奇偶頁不同」選項，此時「頁首」變更顯示為「奇數頁頁首」。

13 開始編輯奇數頁頁首，點選「在此鍵入」，繼續在「頁首及頁尾工具\設計」功能索引標籤，在「插入」功能區中，執行「圖片」指令。

14 開啟「插入圖片」對話方塊，選擇範例檔中，「範例圖檔」資料夾，選擇「長 LOGO」圖片檔，按下「插入」鈕。

15 公司 LOGO 圖插入在奇數頁頁首，繼續在「導覽」功能區中，執行「下一節」指令。

16 開始編輯偶數頁頁首，依照步驟 13、14 插入公司 LOGO 圖到「偶數頁頁首」範圍。切換到「常用」功能索引標籤，在「段落」功能區中，執行 ≡「靠右對齊」指令。

17 讓圖片靠右對齊表現奇偶頁不同。再切換回「頁首及頁尾工具\設計」功能索引標籤，在「導覽」功能區中，執行「移至頁尾」指令。

18 開始編輯偶數頁頁尾。在頁尾範圍輸入文字「(反面)」，並設定字型為「微軟正黑體」、大小「12」、「粗體」，並選擇設定段落 ≡「置中對齊」。

19 偶數頁頁尾編輯完畢，再切換回「頁首及頁尾工具\設計」功能索引標籤，在「導覽」功能區中，執行「前一節」指令，移到奇數頁頁尾。

20 開始編輯奇數頁頁尾。在頁尾範圍輸入文字「(正面)」，字型和段落設定與偶數頁文字相同。頁首及頁尾設定完畢，在「頁首及頁尾工具\設計\關閉」功能區中，執行「關閉頁首與頁尾」指令。或將游標移到非「頁首及頁尾」範圍，快按滑鼠左鍵 2 下，也可以結束編輯「頁首及頁尾」。

範例檔案：PART 2\Ch14 因公外出申請單

單元 14 因公外出申請單

人在公司即使從事是內勤工作，有時候也是需要外出跑腿，尤其是某咖啡連鎖店買一送一的時候。因公外出收個帳款，買個應急的文具用品或是去稅捐機關送個資料，時間都不長，無須請到一整天的公假，但是又不能任意外出，因此公出單就是最方便的管理表單。

範例步驟

1. 由於公出單只是暫時性的管理表單，格式、尺寸都無須太過講究，請先開啟範例檔「Ch14 因公外出申請單 (1).docx」，將既有表單縮小尺寸，讓 A4 紙張可以列印出多張表單，裁切後使用。切換到「版面配置」功能索引標籤，在「版面設定」功能區中，按下「欄」清單鈕，執行「二」指令，將文件變更成兩欄式編輯方式。

2 表格明顯欄寬縮小,配合兩欄式編輯視窗。選取表首名稱「因公外出申請單」,切換到「常用」功能索引標籤,按下 ‡≣▾「行距與段落間距」清單鈕,選擇「3.0」行高,表首名稱列高增加後,有助於日後裁切。

3 選取整個表格範圍,執行「常用\剪貼簿\複製」指令。

4 將編輯插入點移到表格下方,執行「常用\剪貼簿\貼上」指令,總共 5 次,將文件貼滿表格。

5 將編輯插入點移到第一欄最後一個表首名稱前方，切換到「版面配置」功能索引標籤，在「版面設定」功能區中，按下「分隔符號」清單鈕，執行「分欄符號」指令。

6 A4 紙張中共有 6 張表單可供使用。還可以利用線條圖案加上裁切線，看起來更專業。

7 節省紙張的方法不只一種，介紹第二種方法也可以達到類似的效果。請再次開啟範例檔「Ch14 因公外出申請單 (1).docx」，選取表首名稱文字，切換到「版面配置」索引標籤，在「段落」功能區中，調整間距大小到「1 行」。

8. 和步驟 3 相同，先選取整張表格，執行「複製」指令，接著再將編輯插入點移到表格下方，再執行「貼上」指令 5 次。

9. 此時所有表格會橫跨 2 頁。將游標插入點移到第一頁最後表首名稱前方，切換到「插入」功能索引標籤，在「頁面」功能區中，執行「分頁符號」指令。

10. 分頁符號出現在第 2 頁，部分表格被擠到第 3 頁，使用者可以將編輯插入第 1 頁尾端，按下【Del】鍵刪除一行，將分頁符號移回第 1 頁。但是表格還是有兩頁的範圍，怎麼達到省紙的目標？還有其他應變的方法，請繼續看下去。

11 切換到「檔案\列印」功能索引標籤，先按下「每張 1 頁」旁的清單鈕，重新選擇「每張 2 頁」。

1 切換到此索引標籤
2 按此清單鈕
3 改選此設定

12 設定列印頁面範圍為「1,3」頁，按下「列印」鈕。若步驟 10 已經將分頁符號移到第一頁者，直接按下「列印」鈕即可。

1 設定列印頁面範圍
2 按「列印」鈕

13 兩頁的內容被濃縮在一頁列印，雖然是以橫向紙張方式列印，但是確實達到省紙的目的。

兩頁濃縮成一頁

範例檔案：PART 2\Ch15 在職進修申請單

單元 15 在職進修申請單

大多數的企業都希望員工可以再進修，增加工作技能，所以會提撥一些經費，提供員工申請補助，有些會交由員工福利委員會統一辦理相關申請及核銷，作為員工福利的一部分。

範例步驟

1. 請先開啟範例檔「Ch15 在職進修申請單 (1).docx」，將游標移到功能區空白處，按滑鼠右鍵開啟快顯功能表，執行「自訂功能區」指令。

   1 游標移到空白處按滑鼠右鍵

   2 開啟快顯功能表，執行此指令

2 開啟「Word」對話方塊，勾選「開發人員」功能區，按「確定」鈕。

3 將編輯插入點移到「申請人」後方，切換到「開發人員」功能索引標籤，在「控制項」功能區中，執行 Aa「純文字內容控制項」指令。

4 將編輯插入點移到「填表日期」後方，在「開發人員\控制項」功能區中，執行「日期選擇器內容控制項」指令。

5 將編輯插入點移到「計畫性質」後方,在「開發人員\控制項」功能區中,執行 ☑「核取方塊內容控制項」指令。

6 將編輯插入點移到「進修原因」下方,在「開發人員\控制項」功能區中,先插入 Aa「純文字內容控制項」方塊,執行「屬性」指令。

7 開啟「內容控制項屬性」對話方塊,勾選「允許換行字元(多個段落)」純文字內容選項,按「確定」鈕。

8 將編輯插入點移到課程時數「小時」的前方,在「開發人員\控制項」功能區中,按下 📇▾「舊表單」清單鈕,執行 abl「文字欄位(表單控制項)」指令。

9 「小時」的前方顯示欄位方塊,在「開發人員\控制項」功能區中,按下「屬性」鈕。

10 開啟「文字表單欄位選項」對話方塊,選擇文字表單欄位為「數字」類型,最大長度為「3」,按下「加入說明文字」鈕。

單元 15　在職進修申請單 | *119*

11 另外開啟「表單欄位說明文字」對話方塊，選擇在「狀態列」顯示說明文字，選取「請鍵入自訂說明文字」選項，並輸入說明文字「研習時數上限為 100 小時」，最後按「確定」鈕完成設定。

12 回到「文字表單欄位選項」對話方塊，確定其他設定無誤後，按「確定」鈕。

13 將編輯插入點移到授課師資簡介旁的儲存格中，在「開發人員＼控制項」功能區中，執行 ▣「圖片內容控制項」指令，讓填表人可以在此插入圖片。

14 接著將編輯插入點移到「師資費用」右方儲存格中，在「開發人員\控制項」功能區中，按下 ![] ▼「舊表單」清單鈕，執行 abl 「文字欄位 (表單控制項)」指令。

15 師資費用處出現欄位方塊，在「開發人員\控制項」功能區中，按下「屬性」鈕。

16 開啟「文字表單欄位選項」對話方塊，選擇文字表單欄位為「數字」類型，最大長度為「5」，按下數字格式旁的清單鈕，選擇「#,##0」數字格式，按「確定」鈕。可以直接將此文字表單欄位複製到下方儲存格。

17 所有的填寫欄位都已經設定相對應的表單控制項，但是此時表單還不能展現正常的功能，還有最後一步驟要進行設定。請先開啟範例檔「Ch15 在職進修申請單 (2).docx」，在「開發人員 \ 保護」功能區中，開始執行「限制編輯」指令，讓表單可以正常運作。

18 開啟「限制編輯」工作窗格，勾選第 2 項「文件中僅允許此類型的編輯方式」，並按下清單鈕選擇「填寫表單」。

19 完成設定限制編輯條件後，按「是，開始強制保護」鈕。

20 開啟「開始強制保護」對話方塊，可省略密碼，直接按「確定」鈕。

21 開始執行保護表單後，所有控制項皆可正常使用，而狀態列則會顯示剛設定的說明文字。

範例檔案：PART 2\Ch16 應徵人員資料表

單元 16 應徵人員資料表

坊間有許多簡易的履歷表販售，但是內容過於簡單。而應徵人員自備的履歷表，內容雖然很豐富，但是可能沒敘述到面試主管想要的資訊，因此公司不妨設計符合需求的應徵人員資料表。

範例步驟

1. 請先開啟「Ch16 應徵人員資料表(1).docx」。想要刪除表格框線，除了可以利用「框線」來設定樣式外，也可以開啟「框線與網底」對話方塊進行設定，除此之外還有更簡單的方法，就是拿橡皮擦直接擦。將編輯插入點移到表格任何位置，切換到「表格工具\版面配置」功能索引標籤，在「繪圖」功能區中，執行「清除」指令。

2 此時游標符號會變成 ✐ 符號。將游標移到想要移除的框線位置，按一下滑鼠左鍵即可擦掉。

3 將應徵職務的上框線和左框線清除掉，清除完畢後，再次執行「清除」指令，則可回到文件編輯模式。

4 選取第一欄標題儲存格，切換到「表格工具 \ 設計」功能索引標籤，按下「網底」清單鈕，選擇「白色, 背景 1, 較深 15%」網底色彩。依相同方法陸續將其他標題欄位加上網底色彩。

5 選擇「照片」儲存格，切換到「常用」功能索引標籤，在「段落」功能區中，按下 ▦ ▼「框線」清單鈕，執行「框線及網底」功能。

6 開啟「框線與網底」對話方塊，切換到「框線」索引標籤，選擇「雙框線」樣式，按下「方框」鈕，預覽位置可看出圖片欄位的變化，最後按下「確定」鈕。

7 圖片欄位加上雙框線外框作為區隔。按下「檔案」索引標籤，準備在表格中加入表單功能。

8 在「檔案」視窗中,按下「選項」項目,開啟「Word 選項」對話方塊。

9 在「Word 選項」對話方塊中,切換到「自訂功能區」索引標籤,在主要索引標籤區域中,勾選「開發人員」項目,按下「確定」鈕。

10 出現「開發人員」功能表索引標籤。將編輯插入點移到「應徵職務」後方,切換到「開發人員」功能索引標籤,在「控制項」功能區中,按下 ≣▾「舊表單」清單鈕,選擇插入 📋「下拉式方塊」表單控制項。

11 應稱職務後方出現下拉式方塊，執行「開發人員\控制項\屬性」指令，設定清單選項。

12 開啟「下拉式表單欄位選項」對話方塊，在「下拉式項目」空白處輸入第一項「總機櫃台人員」職缺名稱，輸入完畢按「新增」鈕。

13 下拉式清單內含項目處會顯示新增的職務名稱，依步驟 12 的方式，陸續新增其他職缺名稱。

14 出現清單欄位，但是文件在沒有保護之前，無法顯示下拉式清單選項。執行「開發人員\限制編輯」指令。

15 開啟「限制編輯」工作窗格，勾選第 2 項「文件中僅允許此類型的編輯方式」，並按下清單鈕選擇「填寫表單」，設定完畢按下「是，開始強制保護」鈕。

16 開啟「開始強制保護」對話方塊，可以不輸入密碼，直接按下「確定」鈕。

17 當文件受到限制編輯後,「應徵職務」欄位則會出現下拉式清單選項。如果想要再次編輯文件,只要按下「限制編輯」工作窗格中的「停止保護」鈕,若有設定密碼者,會出現「輸入密碼」對話方塊;若是要關閉「限制編輯」工作窗格,只要按下工作窗格右上角的「關閉」鈕,或是再執行一次「限制編輯」指令。

18 有時候開啟受保護的文件時,檢視模式會自動切換到「閱讀模式」,如果想要重新編輯文件,只需要按下「檢視」功能索引標籤,執行「編輯文件」指令,或是在視窗下方狀態列上,按下「整頁模式」圖示鈕,再解除「限制編輯」即可。

單元 17　應徵人員面試記錄表

範例檔案：PART 2\Ch17 應徵人員面試記錄表

公司在大舉徵才時，往往會安排同一天進行統一面試，有時候安排面試的應徵者並不會出席，因此人事管理人員只需要針對來公司應徵的人員進行登記製作成記錄表，以便徵才活動結束時寄發通知單。

範例步驟

1 雖然使用插入表格很方便，但有時候對於需要的欄位還沒有概念時，實在不知道要插入「?x?」的表格，沒關係用手繪表格的方式，邊畫邊想吧！在這之前，先開啟 Word 程式新增空白的文件，執行「版面配置 \ 方向 \ 橫向」指令，將文件變成橫向。

執行此指令

2 由於對表格內容還沒有概念，因此將邊界縮小，爭取更多的編輯空間。執行「版面配置\邊界\窄」指令。

3 接著執行「插入\表格\手繪表格」指令，開始繪製表格。

4 此時游標會變成 ℓ 符號，將游標移到文件左上邊界位置，按住滑鼠左鍵，拖曳繪製一個儲存格。

5 直接在儲存格中輸入文字「日期」，接著連接著日期儲存格，繼續繪製下一個儲存格。

6 在儲存格中輸入文字「時間」，接著繼續繪製下一個儲存格「應徵職稱」、「姓名」、「稱謂」、「連絡電話」、「地址」和「錄取」欄位，可依據需要輸入文字的長度，繪製不同欄寬的儲存格。再次執行「插入\表格\手繪表格」指令，結束繪製表格。

7 繪製完表格標題後，不可免俗的還是要設定相關格式。選取整列標題儲存格，執行「表格工具\版面配置\對齊方式\對齊中央」指令。

8 需要新增資料時，就將游標移到表格下緣，當出現 ⊕ 符號時，按下此符號則可新增空白列，每按一下即可插入一行。

9 由於面試記錄表會被當成資料庫使用，因此不適合直接在表格上方加上表格名稱，不過可以利用頁首功能，達成這個目標。執行「插入\頁首及頁尾\頁首\編輯頁首」指令。

10 直接在頁首處輸入文字「應徵人員面試記錄表」，將字型大小改成「18」，並且在段落中選擇「置中對齊」對齊方式。

11 接著切換到「頁首及頁尾工具\設計」功能索引標籤，按下「關閉頁首與頁尾」鈕，結束設定頁首及頁尾。

12 陸續有人前來面試，請開啟範例檔「Ch17 應徵人員面試記錄表(1).docx」，利用假設資料繼續下列步驟。由於應徵人員資料已經超過第二頁，但第二頁沒有表格標題可供辨識，請執行「表格工具\版面配置\資料\重複標題列」指令。

13 當我們在記錄資料時，一定是按照時間序來記錄。如果想要將相同應徵職稱的人排序在一起，只要執行「表格工具\版面配置\資料\排序」指令。

14 開啟「排序」對話方塊，在第一階按下清單鈕，改選「應徵職稱」表格標題。

15 繼續設定依照「筆劃」遞增排序，按「確定」鈕。

16 資料依照「應徵職稱」的筆劃，遞增重新排序。

> 範例檔案：PART 2\Ch18 淘汰通知單

單元 18　淘汰通知單

公司徵才活動告一段落，當然是幾家歡樂幾家愁，整理完應徵者應徵資料後，準備要寄發淘汰通知書給那些沒有錄取的應徵者。

範例步驟

1. 請先開啟範例檔「Ch18 淘汰通知單 (1).docx」，切換回「郵件」功能索引標籤，在「啟動合併列印」功能區中，按下「選取收件者」清單鈕，執行「使用現由清單」指令。

2 開啟「選取資料來源」對話方塊，選擇範例檔中的「Ch17 應徵人員面試記錄表.docx」檔案，按下「開啟」鈕。

3 將編輯插入點移到「親愛的」後方，切換到「郵件」功能索引標籤，在「書寫與插入功能變數」功能區中，按下「插入合併欄位」清單鈕，選擇插入「姓名」合併欄位。

4 「親愛的」後插入「姓名」合併欄位，緊接著再插入「稱謂」合併欄位。

5 將編輯插入點移到「應徵」後方，選擇插入「應徵職務」合併欄位。

6 按住【Ctrl】鍵，選取「姓名」及「應徵職稱」合併欄位，按下 U「常用\字型\底線」鈕，讓合併的文字可以加上底線。

7 插入合併欄位後開始要篩選來源資料，切換回「郵件」功能索引標籤，在「啟動合併列印」功能區中，執行「編輯收件者清單」指令。

8 開啟「合併列印收件者」對話方塊，按下「篩選」鈕。

9 另外開啟「查詢選項」對話方塊，設定篩選條件為欄位「錄取」、邏輯比對「等於」、比對值為空白，也就是篩選錄取欄位中沒有註記的資料，按下「確定」鈕。

10 回到開啟「合併列印收件者」對話方塊，按下「確定」鈕完成資料篩選。

11 在開始進行合併之前，還要再編輯一下文件，要在文件底部加上人事主管簽名的位置。將編輯插入點文件尾端，切換到「插入」功能索引標籤，在「文字」功能區中，按下「簽名欄」清單鈕，執行「Microsoft Office 簽名欄」指令。

12 開啟「簽章設定」對話方塊，輸入建議簽章者「潘○宇」及職稱「行政副總」，按「確定」鈕。

13 文件中插入簽名欄位方塊，在「常用\段落」功能區中，按下「靠右對齊」鈕，讓簽名方塊靠文件右邊界對齊。

14 接下來要開始合併列印,請切換到「郵件」功能索引標籤,按下「完成與合併」清單鈕,執行「編輯個別文件」指令。

15 開啟「合併到新文件」對話方塊,選擇「全部」,按「確定」鈕。

16 合併成新文件,再次逐一確認是否有錯誤,若全部無誤,則可列印出來,經過主管簽章後,就可以寄出給應徵者。

範例檔案：PART 2\Ch19 錄取通知單

單元 19 錄取通知單

錄取通知單中除了恭喜應徵者順利獲得工作機會外，當然還要載明其他報到相關事項，如報到日期、報到日應準備的文件…等，好讓錄取者可以提早準備。

範例步驟

1 請先開啟範例檔「Ch19 錄取通知單 (1).docx」，選取「108」文字，切換到「常用」功能索引標籤，在「段落」功能區中，按下 ✡▾「亞洲配置方式」清單鈕，執行「橫向文字」指令。

2 開啟「橫向文字」對話方塊，勾選「調整於一行」選項，按「確定」鈕。

3 數字轉向成橫向文字。由於本範例是利用表格框線製作成文件框線的效果，若要將框線取消，可以將表格設定「無框線」樣式，或是直接轉換成一般文字文件，先切換到「表格工具\版面配置」功能索引標籤，在「資料」功能區中，執行「轉換為文字」指令。

4 開啟「表格轉換為文字」對話方塊，由於本範例為「1x1」的表格，因此無須理會其他選項，直接按「確定」鈕。

5 表格內文字轉換成一般文字，但文字書寫方向與紙張方向都自動變更，因此要修正回來。切換到「版面配置」功能索引標籤，在「版面設定」功能區中，按下「文字方向」清單鈕，執行「垂直」指令。

6 文字方向改成直向。接著按下「方向」清單鈕，執行「直向」指令，將紙張改成直向。

7 選取全部內容文字，在「版面配置\段落」功能區中，按下間距「前」的調整鈕，繼續將段落間距調整為「0.5 行」。

8 主要文件都設定完成後,開始進行合併錄取者名單,製作個人的錄取通知。切換到「郵件」功能索引標籤,在「啟動合併列印」功能區中,執行「編輯收件者清單」指令。

9 開啟「合併列印收件者」對話方塊,資料來源為第 17 章應徵人員面試記錄表檔案,按下「篩選」鈕。

10 開啟「查詢選項」對話方塊,在「資料篩選」標籤中,設定欄位為「錄取」、邏輯比對為「等於」、比對值為「是」,設定完成按「確定」鈕。

11 回到開啟「合併列印收件者」對話方塊，收件者清單僅顯示有錄取者的資料，確認後按下「確定」鈕。

12 先別急著列印合併文件，可以利用相同的資料條件，建立收件人的信封。在「郵件\建立資料」功能區中，執行建立「信封」指令。

13 開啟「信封及標籤」對話方塊，按下「選項」鈕選擇信封的尺寸。

14 另外開啟「信封選項」對話方塊，按下「信封大小」清單鈕，選擇「Size 10」信封尺寸，按「確定」鈕。

15 回到「信封及標籤」對話方塊，通常公司的信封都會先印製好寄件人（公司）的資訊，因此勾選「省略」寄件人地址，按下「新增至文件」鈕。

16 在剛才的合併文件新增一頁，並自動設定好信封的尺寸及版面配置位置。在信封文件中插入「地址」、「姓名」和「稱謂」等合併欄位，並修改信封文字大小為「14」。

17 在執行合併之前，可以先在「郵件\預覽結果」功能區中，按下「預覽結果」鈕，則可立即看到合併後的結果。

18 預覽結果沒問題後,則可在「郵件\完成與合併」功能區中,執行「列印文件」的工作。

執行此指令

範例檔案：PART 2\Ch20 職前訓練規劃表

單元 20　職前訓練規劃表

公司來了新進員工，總是有一連串的職前訓練工作，認識公司環境、公司制度介紹、各項規定提醒，免不了還有主管對新進人員的期許，這些工作該由誰負責，不妨製作成職前訓練規劃表，用來檢核職前訓練完成的進度。

範例步驟

1. 請先開啟範例檔「Ch20 職前訓練規劃表 (1).docx」，本單元將介紹項目符號的應用及基本的表單功能。先由編輯插入點移到「環境介紹」前方，切換到「常用」功能索引標籤，在「段落」功能區中，按下 ≡▼「項目符號」清單鈕，執行「定義新的項目符號」指令。

1 將插入點移到此　　2 按此清單鈕　　3 執行此指令

2 開啟「定義新的項目符號」對話方塊，按下「符號」鈕，選擇新的符號。

3 開啟「符號」對話方塊，選擇笑臉符號（Wingdings74），按下「確定」鈕，回到「定義新的項目符號」對話方塊。

4 預覽窗格中出現笑臉樣式的項目符號。由於預設的符號比字型小，若要讓符號明顯一些，可以按下「字型」鈕來調整。

5 另外開啟「字型」對話方塊，在「大小」處選擇「16」，按「確定」鈕回到「定義新的項目符號」對話方塊。

6 最後按下「確定」鈕，完成定義新的項目符號。

7 「環境介紹」前方出現笑臉的項目符號，下方的標題只要按下「項目符號」圖示鈕則會自動套用新增的項目符號。除了預設符號之外，圖片也可以成為項目符號，將編輯插入點移到「職前訓練檢核表」前方位置，再次按下 ≡▼「項目符號」清單鈕，執行「定義新的項目符號」指令。

8 開啟「定義新的項目符號」對話方塊，按下「圖片」鈕，選擇圖片成為新的項目符號。

9 開啟「插入圖片」工作視窗，選擇「從檔案」作為圖片的來源。

10 開啟「插入圖片」對話方塊，選擇範例檔中的「範例圖檔」資料夾，選擇「項目符號1」圖片，按下「插入」鈕。

11 回到「定義新的項目符號」對話方塊，預覽窗格中顯示新的圖片項目符號。按下「確定」鈕完成圖片項目符號設定。

12 新圖片符號取代原有的項目符號，接著將各項目加上象徵完成的勾選的方塊。將編輯插入點移到「完成」下方的空白儲存格中，切換到「插入」功能索引標籤，在「符號」功能區中，按下「符號」清單鈕，執行「其他符號」指令。

13 開啟「符號」對話方塊，選擇方塊符號（Wingdings168），按下「插入」鈕，此時「符號」對話方塊不會自動關閉，但是原本「取消」鈕會變成「關閉」鈕，按下「關閉」鈕則可關閉對話方塊。

14 選取剛插入的方塊,按下「常用\字型\字型大小」旁的清單鈕,將方塊符號大小改成「28」。

15 接著要利用表單功能設計輸入文字的欄位。將編輯插入點移到「員工姓名:」後方,切換到「開發人員」功能索引標籤,在「控制項」功能區中,按下 「舊表單」旁的清單鈕,執行 abl「文字欄位」指令。

16 出現未設定屬性的文字欄位,立刻按下「開發人員\控制項\屬性」鈕,開始設定欄位屬性。

17 開啟「文字表單欄位選項」對話方塊。選擇預設的「一般文字」類型,在「預設文字」空白處輸入文字「請輸入姓名」,可輸入姓名的「最大長度」選擇「10」,設定完畢按下「確定」鈕。

1 設定可輸入文字的長度
2 輸入預設文字
3 按「確定」鈕

18 「員工姓名」的文字欄位設定完成,依照相同步驟完成「所屬部門」及「職稱」的文字欄位設定。先在「到職日期」插入「文字欄位」表單控制項,按下「屬性」圖示鈕,另外設定日期屬性。

插入設定的文字欄位
2 先插入文字欄位
3 執行此指令
1 依相同步驟設定此文字欄位

19 再次開啟「文字表單欄位選項」對話方塊,按下「一般文字」類型旁的清單鈕,選擇「日期」類型。

1 按此清單鈕
2 選此欄位類型

單元 20　職前訓練規劃表 | *157*

20 接著按下「日期格式」類型旁的清單鈕，選擇「e年M月d日」的格式。

21 最後輸入預設日期「108年1月1日」，確認所有屬性設定完畢，按下「確定」鈕。

22 執行「開發人員\保護\限制編輯」指令，在「限制編輯」工作窗格中，勾選第2項並選擇允許「填寫表單」類型的編輯方式，然後按下「是，開始強制保護」鈕。

23 開啟「開始強制保護」對話方塊，輸入密碼「0000」，按下「確定」鈕，就可以開始使用文件中的表單。

24 如果要再次進行表單設計工作或是文件中其他文字及表格的增修，都要先解除保護之後才能進行。只要按下「限制編輯」工作窗格中的「停止保護」鈕。

25 此時會開啟「解除文件保護」對話方塊，輸入剛設定的密碼「0000」，按下「確定」鈕，就可以重新編輯文件。

範例檔案：PART 2\Ch21 聘用合約書

單元 21　聘用合約書

通過面試的新進職員，在進入公司工作就職之前，要替他們準備好需要填寫的相關文件，聘用合約書大致就是明訂試用期間應遵守的相關規範，事前告知以免日後有所爭議。

範例步驟

1 從網路上都可以找到類似的合約書範本，如果下載的是文字檔，要如何快速的轉換成 Word 文件，請先開啟 Word 程式，按下「開啟」鈕。

執行此指令

2 切換到「開啟」工作視窗，執行「瀏覽」指令，可以選擇文件所在的資料夾。

3 開啟「開啟舊檔」對話方塊，選擇範例檔，按下檔案格式「所有檔案」清單鈕，重新選擇「文字檔」。

4 選擇「Ch21 聘用合約書 (1).txt」檔案，按下「開啟」鈕。

5 使用預設的文字編碼，按下「確定」鈕。

6 文字檔被開啟在 Word 程式中，沒有設定任何格式。請先執行「常用 \ 編輯 \ 選取 \ 全選」指令，選取全部文字。

7 選取全部文字後，首先修改字型為「微軟正黑體」。

8 變更字型後，受限於字型間距的關係，總頁數暴增至 4 頁。按下 「常用 \ 段落 \ 行距與段落間距」清單鈕，執行「行距選項」指令。

9 開啟「段落」對話方塊，取消勾選「文件格線被設定時，貼齊格線」，並設定行距為「固定行高」，行高設定為「18 點」，設定完成按「確定」鈕。

10 接著設定局部文字格式，選取文件標題「聘用合約書」文字，變更字型大小為「22」，選擇「置中對齊」方式，按下「行距與段落間距」清單鈕，重新選擇「1.0」單行間距。

11 先在「先生小姐」文字前方加上空格約 5 字元（按鍵盤空白鍵 10 下），接著選取「先生小姐」文字，修改字型大小為「24」，按下 「亞洲配置方式」清單鈕，選擇執行「組排文字」指令。

12 開啟「組排文字」對話方塊，不必再修改字型大小，直接按「確定」鈕。

13 由於組排文字會比一般文字高，因此按下「行距與段落間距」清單鈕，重新選擇「1.0」單行間距，讓文字都能顯現。

14 在進行其他格式設定前,先執行「儲存檔案」指令,將文字檔轉存為 Word 檔案。

15 選擇「否」,另外儲存成 Word 檔案格式。

16 開啟「另存新檔」對話方塊,選擇要儲存的資料夾,輸入檔案名稱「Ch21 聘用合約書 (2)」,按「儲存」鈕。

單元 21　聘用合約書 | *165*

17 請延續上一步驟或另外開啟「Ch21 聘用合約書 (2). docx」，選取「編號一」標號一整段文字，在「常用 \ 段落」功能區中，按下「編號」清單鈕，執行「定義新的編號格式」指令。

18 開啟「定義新的編號格式」對話方塊，按下「編號樣式」清單鈕，選擇「一、二、三 (繁)…」數字樣式。

19 編號格式中會顯示選擇的編號樣式，將編號格式數字後方加上「、」，讓編號格式修改成「一、」，按「確定」鈕。

20 原先編號一前方出現新設定的編號樣式,將原有的編號刪除,留下自動編號。按住【Ctrl】鍵,選取原有編號二~編號十四範圍文字,但不要選取其他編號樣式,如(一)或1、的文字內容,按下「編號」清單鈕,選擇套用剛設定的編號樣式。

① 出現新設定編號,將右方原有編號刪除
② 選取其他編號文字範圍
③ 按此清單鈕
④ 套用此編號樣式

21 自動重新編號,按滑鼠右鍵開啟快顯功能表,執行「繼續編號」指令,讓編號接續上一個,並將舊有編號刪除。

① 自動重新編號,按滑鼠右鍵
② 開啟快顯功能表,執行此指令

22 選取編號五下方第二層編號(一)~(四)文字範圍,按住尺規上的「靠左縮排」符號,向右拖曳到約「2」位置,讓第二層編號縮排與文字對齊。

① 選取此段文字
② 拖曳移動到此

23 將編輯插入點移到「編號十」文字最後方，執行「版面配置\分隔設定\分頁符號」指令。

24 編號十一開始被強迫移到第二頁，刪除空白的編號。依照步驟 22 的方法，調整其他階層編號的對齊位置。

25 最後將編輯插入點移到最後一行日期部分，在「常用\段落」功能區中，執行 ▤「分散對齊」指令。

範例檔案：PART 2\Ch22 人評會考核表

單元 22 人評會考核表

人評會考核員工需要有固定的評鑑標準，因此不妨將考核的項目內容製作成表單，方便讓評審委員可以使用勾選的方式進行考核，最後再加總成績評鑑。

範例步驟

1 請先開啟「Ch22 人評會考核表(1).docx」範例檔，本單元要介紹表格中文字的編排方式及其他表格功能。先選取「項目」文字，選取時不要選到段落符號，切換到「常用」功能索引標籤，在「段落」功能區中，執行 ▤「分散對齊」指令。

1 選取表格內文字
2 執行此指令

2. 開啟「最適文字大小」對話方塊，在新文字寬度處調整寬度到「15 字元」，按「確定」鈕回到編輯視窗。

3. 原本 2 字元寬度的文字變寬成 15 字元寬。接著選取「初核分數」文字，在「常用\段落」功能區中，按下「亞洲配置方式」清單鈕，執行「組排文字」指令。

4. 開啟「組排文字」對話方塊，將大小由「6」點改成「12」點，維持原有字型大小，設定完成按「確定」鈕。

5. 繼續選取「品德言行」文字，切換到「表格工具\版面配置」功能索引標籤，在「對齊方式」功能區中，按下「直書/橫書」鈕，將文字由橫書轉換成直書。

6 將下方考核項目標題都改為直書。由於考核項目分成不同類別，原有的細框線無法立刻分辨，因此建議使用較粗的框線，將同類別的區域加上粗外框線。切換到「表格工具\設計」功能索引標籤，在「框線」功能區中，按下「框線樣式」清單鈕，選擇「實心單線, 1 1\2pt」樣式。

- 1 按此清單鈕
- 2 選此樣式
- 文字變成直書

7 此時游標符號會變成 ✏️「複製框線」符號，在要加粗的框線上，使用點選的方式繪製表格框線，也可以使用拖曳的方式繪製同欄或同列的表格框線。

- 拖曳繪製粗框線

8 當游標還是 ✏️ 符號時，可以持續繪製框線，全部繪製完畢後，將由游標移到表格外的編輯區，按一下滑鼠左鍵即可結束。

- 外框線變粗
- 繼續繪製外框線

9 選取前 3 列表格標題,切換到「常用」功能索引標籤,在「剪貼簿」功能區中,執行「複製」指令。

10 將游標插入點移到第 2 頁第一列表格位置,切換到「表格工具\版面配置」功能索引標籤,在「合併」功能區中,執行「分割表格」指令。

11 此時表格被一分為二,兩個表格中間出現編輯插入點。在此插入點位置執行「常用\剪貼簿\貼上」指令。

12 剛被複製的表格列被貼到第 2 頁的位置，但是屬於與第 1 頁的表格是相同的一個。在編輯插入點位置，按下【Del】鍵，再將第 1 頁表格與第 2 頁表格合而為一。

> 表頭和表格標題被複製到此
> 按下【Del】鍵

13 由於第 1 頁標題「初核評語」在第 2 頁是不存在的欄位，而是要以「初核分數」頂替。反白選取「初核分數」文字，直接拖曳文字到「初核評語」前方。

> 兩個表格變成一個
> 初核分數
> 反白選取此段文字，拖曳搬移到上方儲存格

14 再將「初核評語」文字刪除。選取「初核分數」下方 2 個儲存格，切換到「表格工具\版面配置」功能索引標籤，執行「合併儲存格」指令。

> 1 刪除原有文字
> 3 執行此指令
> 2 選取這兩個儲存格

15 表格設計得差不多了，按下「檔案」功能索引標籤，準備進行列印工作。

16 切換到「列印」索引標籤，按下「單面列印」旁的清單鈕，重新選擇「手動雙面列印」選項。

17 最後依據要考核的人數，選擇列印的「份數」，按下「列印」鈕即可進行手動雙面列印。

單元 23　在職證明書

範例檔案：PART 2\Ch23 在職證明書

員工在公司以外的場所，如果想要申請會員卡或信用卡時，承辦單位有時候會要求提供有公司用印的在職證明書，雖然現在多數會以公司服務證或薪資轉帳證明代替，但是還是有一些單位會需要提供此份證明文件。

範例步驟

1. 大部分表格都以橫式的方式呈現，若要製作直式的表格可就有一些難度，請開啟 Word 程式，新增一份空白文件。切換到「插入」功能索引標籤，按下「表格」清單鈕，選擇插入「7x8」表格範圍，由於直式表格分割儲存格容易錯亂，建議列數可以多預備，到時再以合併儲存格的方式處理。

   1 按此清單鈕
   2 選擇表格範圍

2 按下表格左上角的 ⊞ 符號選取整張表格，在「表格工具＼版面配置＼對齊方式」功能區中，執行「直書/橫書」指令，將表格內文字設定為直書。

3 將游標移到最後一列下框線位置，當游標圖案變成 ╪ 符號，按住滑鼠左鍵，拖曳調整最後一列列高到接近下邊界，但不要讓文件超過到第 2 頁。

4 最後在「表格工具＼版面配置＼儲存格大小」功能區中，執行「平均分配列高」指令，準備工作完成了，開始設計表格內容。

5 請開啟範例檔「Ch23 在職證明書 (1).docx」，本範例已將文字格式及大部分儲存格式設定完成。選取「字號日期」及下方儲存格範圍，在「表格工具 \ 版面配置 \ 合併」功能區中，執行「合併儲存格」指令。

6 選取上方標題文字儲存格範圍，在「表格工具 \ 版面配置 \ 對齊方式」功能區中，按下 ▥「置中上下對齊」圖示鈕。

7 表格標題文字水平置中對齊，但垂直靠上對齊。繼續選取這些儲存格範圍，切換到「常用」功能索引標籤，在「段落」功能區中，按下 ▦「分散對齊」鈕。

8 接著切換到「插入」功能索引標籤，按下「圖案」清單鈕，執行插入 🔲「垂直文字方塊」指令。

9 使用拖曳的方式，在備註欄下方繪製垂直文字方塊。

10 在文字方塊中輸入「僅供證明，訴訟無效」字樣，輸入完成將字型修改成「微軟正黑體」，大小為「16」；接著按滑鼠右鍵，開啟快顯功能表，執行「設定圖形格式」指令。

11 開啟「設定圖形格式」工作窗格，按下「文字選項」的 🔲「版面配置與內容」鈕，調整文字方塊邊界為左邊界「0.1 公分」、右邊界「0.1 公分」。

12 按下「圖案選項」的 ◇「填滿與線條」鈕，在「線條」下選擇「無線條」選項，按下工作窗格右上方 ✖「關閉」鈕，可關閉工作窗格。

13 最後將按住垂直文字方塊上方的控制鈕，調整大小及位置到備註欄的底端。

14 切換到「插入」功能索引標籤，在「文字」功能區中，按下「文字藝術師」清單鈕，選擇「填滿 - 黑色，文字 1，陰影」樣式。

15 在預設的文字藝術師方塊中輸入公司名稱「家碩科技股份有限公司」，切換到「繪圖工具\格式」功能索引標籤，按下「文字方向」清單鈕，選擇「垂直」文字方向。

16 切換到「版面配置」功能索引標籤，按下「邊界」清單鈕，執行「自訂邊界」指令。

17 開啟「版面設定」對話方塊,設定左邊界為「2公分」、右邊界為「4公分」,設定完成按「確定」鈕。

1 設定左右邊界

2 按此鈕

18 最後將公司名稱的文字方塊調整到適當位置即可。

調整到適當位置

單元 24　留職停薪申請書

範例檔案：PART 2\Ch24 留職停薪申請書

工作了一段時間有時候會想要再進修，或者婦女懷孕需要在家長期休息，這時候就可以向公司申請留職停薪，大部分的公司只要員工申請事由合理，又有備用人力可以支援的狀況下，都會鼓勵員工申請留職停薪進行再進修。

範例步驟

1. 請先開啟範例檔「Ch24 留職停薪申請書 (1).docx」，選擇前六行標題文字，按下「插入\表格」清單鈕，選擇執行「文字轉換為表格」指令。

   2 按此清單鈕
   1 選取此文字範圍
   3 執行此指令

2 開啟「文字轉換為表格」對話方塊,選擇「欄數」為「2欄」,按下「確定」鈕。

1 選擇2欄

2 按此鈕

3 前六行文字轉換成2欄3列的表格。選擇表格後的3行文字。

文字轉換成表格

選此文字範圍

4 按下「插入\表格」清單鈕,再次執行「文字轉換為表格」指令。

執行此指令

5 再次開啟「文字轉換為表格」對話方塊，這次使用預設的設定值，直接按「確定」鈕。

6 文字轉換成 1 欄 3 列的表格。接著執行「表格工具 \ 版面配置 \ 手繪表格」指令，當游標變成 ✏ 符號，將游標移到申請日期後方，使用拖曳的方式繪製直線，藉以分隔表格。

7 表格被分成 2 欄。接著在姓名後方在繪製一條直線，分割後 3 列表格，繪製完畢，再次執行「表格工具 \ 版面配置 \ 手繪表格」指令，結束手繪表格。

8 選取「地址」~「行動電話」3 行文字，拖曳移動文字到「留職停薪後聯絡方式」後方儲存格中。

9 接著依照上述步驟方法，將其他文字也轉換成表格，請先開啟範例檔「Ch24 留職停薪申請書 (2).docx」，繼續下列步驟。

10 選取前 4 列儲存格範圍，按滑鼠右鍵開啟快顯功能表，執行「表格內容」指令。

11 開啟「表格內容」對話方塊,切換到「列」標籤,勾選「指定高度」並設定高度為「1.2 公分」,選擇列高為「最小高度」,設定完畢按「確定」鈕。

12 將游標移到第一欄上方,當游標變成 ⬇ 符號,按下滑鼠左鍵選取整欄。

13 按滑鼠右鍵開啟快顯功能表,按下 ◇▾「填滿色彩」清單鈕,選擇「藍色, 輔色 5, 較深 50%」。

14 選取「姓名」等第 3 欄 3 個不連續儲存格,按滑鼠右鍵開啟快顯功能表,按下「填滿色彩」鈕,即可套用上一個色彩設定。

15 按下表格左上角 ⊞ 符號,選取整張表格,按滑鼠右鍵開啟快顯功能表,按下 ▥▾「框線」清單鈕,執行「框線及網底」指令。

16 開啟「框線及網底」對話方塊,先按下「格線」鈕,按下色彩清單鈕,選擇「藍色,輔色 1, 較深 25%」框線色彩。

17 繼續按下「寬」清單鈕,選擇「2 1\4pt」框線寬度,這個寬度的框線只會套用到外框線。

18 預覽設定的框線樣式,沒有問題後按「確定」鈕。

19 最後將「人事單位核章儲存格」欄位套用相關設定即可。

單元 25 離職申請書

> 範例檔案：PART 2\Ch25 離職申請書

離職申請書和留職停薪申請書大同小異，只是留職停薪需要註明留職期間及代理人，而離職申請書則是要有預計離職日期，好讓部門及人事單位安排交接事宜，其他程序大致相同。

範例步驟

1 請先開啟範例檔「Ch24 留職停薪申請書 .docx」，沒錯！就是將留職停薪申請書修改成離職申請書。選取表首名稱中的「留職停薪」文字，在「常用 \ 編輯」功能區中，執行「尋找」指令。

2 執行此指令

1 選此文字範圍

單元 25　離職申請書 | *189*

2 開啟「導覽」工作窗格,其中顯示尋找的結果共 3 筆。按下「留職停薪」旁的清單鈕,執行「取代」指令。

3 開啟「尋找及取代」對話方塊,自動輸入尋找目標為「留職停薪」,輸入取代為「離職」字樣,按下「全部取代」鈕。

4 顯示提示訊息告知已經取代 3 筆資料,直接按「確定」鈕。

5 回到「尋找及取代」對話方塊,按下「關閉」鈕關閉對話方塊。文件中的文字已經被替換成「離職」字樣,最後按下工作窗格右上方的 ✕「關閉」鈕,關閉工作窗格。

6 選取儲存格文字「職務代理人」，在「常用\剪貼簿」功能區中，執行「剪下」指令。

7 在刪除文字的儲存格中重新輸入文字「預計離職日期」。選取整列「離職日期」，切換到「表格工具\版面配置」功能索引標籤，在「列與欄」功能區中，按下「刪除」清單鈕，執行「刪除列」指令。

8 切換到「表格工具\設計」功能索引標籤，在「表格樣式選項」功能區中，取消勾選表格樣式選項，只勾選「首欄」選項。設定完成後，在「表格樣式」功能區中，按下 ▼「其他表格樣式」清單鈕。

9 此時表格樣式會因為勾選表格樣式選項不同，而有所差異。選擇「格線表格 5 深色 - 輔色 6」樣式。

10 表格套用新的樣式，選取首欄，按下 「表格工具\版面設定\對齊方式\置中對齊」圖示鈕。

11 繼續切換到「常用」功能索引標籤，按下 「分散對齊」指令。

12 由於表格樣式只會套用在首欄標題儲存格,其他欄的標題就要手動變更,選取其他標題儲存格,按下「表格工具 \ 設計 \ 網底」清單鈕,選擇「綠色,輔色 6」色彩。

13 繼續按下 A、「常用 \ 字型色彩」清單鈕,選擇「白色」字型色彩。

14 由於不連續儲存格無法一起設定對齊方式,因此分別選取儲存格範圍,依步驟 10~11 修改儲存格文字對齊方式即可。

● 範例檔案：PART 2\Ch26 離職證明書

單元 26 離職證明書

員工離職有分自願離職和非自願離職兩種，但是如果要申請非自願離職的失業津貼，就必須使用勞保局適用的離職證明書，因此不妨直接將官方版本的離職證明書，修改作為公司的人事文件。

範例步驟

1. 製作表單的工具除了可以新增到功能表列外，還可以新增到快速存取工具列上，請先開啟範例檔「Ch26 離職證明書 (1).docx」，按下快速工具列上的 ▼ 清單鈕，執行「其他命令」指令。

   1 按此清單鈕

   2 執行此指令

2 開啟「Word 選項」對話方塊，在「快速存取工具列」標籤項下，由此選擇命令清單鈕選擇「【開發人員】索引標籤」，選取「控制項」命令，按下「新增」鈕。

3 命令新增到快速存取工具列，確認後按「確定」鈕。

4 快速存取工具列上出現控制項圖示鈕。按下 ▦「控制項」圖示鈕，按 ▦▾「舊表單」清單鈕，選擇 ◉「選項按鈕」控制項。

5 選擇按鈕選項物件，按滑鼠右鍵開啟快顯功能表，執行「選項按鈕 物件\編輯」指令。

6 在物件中輸入文字「男」，然後調整物件大小到適當位置。

7 繼續選取按鈕選項物件，按下 圖示鈕，執行「屬性」指令。

8 開啟「屬性」對話方塊，在「GroupName」中輸入群組名稱「性別」，按下 ⊠「關閉」鈕。

9 按住【Ctrl】鍵，拖曳複製按鈕物件到右方。

10 選取複製的按鈕物件，按滑鼠右鍵開啟快顯功能表，執行「內容」指令。

單元 26　離職證明書 | *197*

11 開啟「屬性」對話方塊，在「Caption」處修改選項性別為「女」，修改完後按 ✕「關閉」鈕。

12 選擇「出生日期」後方的文字欄位，按下「控制項」圖示鈕，執行「屬性」指令。

13 開啟「文字表單欄位選項」對話方塊，選擇「日期」文字欄位類型，按下日期格式清單鈕，選擇「e年M月d日」，按下「確定」鈕。

14 選擇「身分證字號」後方的文字欄位，執行「屬性」指令，開啟「文字表單欄位選項」對話方塊，設定文字欄位最大長度為「1」，按下文字格式清單鈕，選擇「第一個字母大寫」，按下「確定」鈕。

15 選擇「薪資」後方的文字欄位，執行「屬性」指令，開啟「文字表單欄位選項」對話方塊，選擇「數字」文字欄位類型，先選擇「NT$#,##0.00」數字格式，再選取小數位數部分「.00」，按下【Del】鍵。

16 繼續將後方括號內的小數位置也一併刪除，接著按「確定」鈕。

17 先在「離職原因」後方儲存格，插入「選項按鈕」控制項，接著執行「屬性」指令。

18 開啟「屬性」對話方塊，在「Caption」輸入選項名稱為「關廠」，在「GroupName」中輸入群組名稱為「原因」，完成後按下「關閉」鈕。

19 繼續選取「關廠」按鈕選項，按滑鼠右鍵開啟快顯功能表，執行「設定快取圖案/圖片格式」指令。

20 開啟「設定物件格式」對話方塊，切換到「大小」索引標籤，取消勾選「鎖定長寬比」和「相對於原始圖片大小」兩項，接著修改選項按鈕的寬度為「1.4 公分」後，按「確定」鈕。

21 繼續完成其他離職原因的按鈕選項，記得屬性中的「GroupName」都要是「原因」，才能達到單選按鈕的效果。

22 最後選取「填表日期」後方的文字欄位，執行「屬性」指令開啟「文字表單欄位選項」對話方塊，選擇「日期」類型，並選擇「EE 年 O 月 A 日」日期格式，設定完成按下「確定」鈕。

23 所有表單欄位都製作完成後，別忘了要執行「校閱\保護\限制編輯」指令，將表單文件設定成保護狀態才能正常使用。

限制編輯的相關設定

單元 27　人員增補申請表

範例檔案：PART 2\Ch27 人員增補申請表

遇到有員工離職、退休或是需要短期人力支援特定專案，各部門都需要向長官提出人力需求，待主管通過後，即可交由人事單位代為登報或是在人力銀行刊登徵才資訊，因此各部門需要填寫人員增補申請表，註明所需人才的基本條件。

範例步驟

1 請先開啟範例檔「Ch27 人員增補申請表 (1).docx」，將編輯插入點移到「軟體」下方，切換到「開發人員」功能索引標籤，在「控制項」功能區中，執行 「建置組塊庫內容控制項」指令。

1 插入點移到此
2 執行此指令

2 插入快速組件的控制項物件，按下控制項的「屬性」鈕。

3 開啟「內容控制項屬性」對話方塊，按下「文件建置組塊內容」項下，「圖庫」旁的「快速組件」清單鈕，重新選擇為「表格」。

4 繼續在標題處輸入文字「語言能力」後，按下「確定」鈕。

5 按下「語言能力」標題旁的 智慧清單鈕，選擇「矩陣」表格樣式。

1 按此智慧清單鈕

2 選此表格樣式

6 選擇表格內所有儲存格，按下【Del】鍵，將內容文字全部清除。

選擇所有儲存格

7 重新輸入表格標題欄與標題列文字（如圖），將游標移到最後一欄上方，按下滑鼠左鍵選取整欄。

1 輸入表格標題欄與列

2 游標移到此

8 選取整欄後,按滑鼠右鍵開啟快顯功能表,執行「刪除欄」指令,將多餘的整欄刪除。

9 將編輯插入點移到「日文」下方的儲存格中,按下「舊表單」清單鈕,選擇插入 abl 「文字欄位」表單控制項。

10 選取新插入的文字欄位控制項,按滑鼠右鍵開啟快顯功能表,執行「屬性」指令。

11 開啟「文字表單欄位選項」對話方塊，輸入最大長度為「6」，輸入預設文字「輸入其他語言」，按下「確定」鈕完成設定屬性。

12 將編輯插入點移到「聽」下方儲存格，按下 ☑「核取方塊內容控制項」圖示鈕，插入核取方塊。將表格內所有儲存格都插入核取方塊。

13 表單製作完成，別忘了執行「開發人員\限制編輯」指令，設定相關保護條件即可使用。

3 業務行銷篇

28	產品報價單
29	市場問卷調查表
30	英文商業書信
31	買賣合約書
32	行銷企劃書
33	專案企劃書
34	單張廣告設計
35	產品使用手冊
36	客戶摸彩券樣張
37	滿意回函卡
38	VIP 名單標籤
39	產品資訊月刊
40	顧客關懷卡片

範例檔案：PART 3\Ch28 產品報價單

單元 28 產品報價單

業務人員平時會將公司產品型錄交給客戶做參考，等到客戶有需求就會要求給予報價單方便比價，而業務人員也會根據不同的客戶給予不同的折扣，但產品價格隨時都有可能波動，因此在報價單上需要註明報價的有效期限，以免影響公司獲利。

範例步驟

1 請先開啟範例檔「Ch28 產品報價單 (1).docx」，將編輯插入點移到公司下方，按下「插入＼表格」清單鈕，執行「Excel 試算表」指令。

2 Word 文件中插入 Excel 表格，分別在 A1:G1 儲存格中輸入欄位標題「貨品編號」、「品名」、「單位及規格」、「數量」、「單價」、「總價」及「備註」。接著調整 Excel 表格要顯示的範圍大小，按下 Excel 表格下方的控制點，當游標變成 ↕ 符號，按住滑鼠左鍵向下方拖曳約 2 列儲存格高度，整個表格顯示範圍為 A1:G12。

3 按一下欄與列交叉 位置，選取整個 Excel 工作表。將游標移到欄 A 和欄 B 交界處，當游標變成 ↔ 符號，按住滑鼠左鍵，向右拖曳調整欄寬到 99 像素。

4 將游標移到列 1 和列 2 交界處，當游標變成 ↕ 符號，按住滑鼠左鍵，向下拖曳調整列高到 41 像素。

5 選取 A1:G12 儲存格範圍，切換到「常用」功能索引標籤，在「樣式」功能區中，按下「格式化為表格」清單鈕，選擇「表格樣式中等深淺 1」。

1 選取此儲存格範圍
2 按此清單鈕

6 開啟「格式化為表格」對話方塊，勾選「我的表格有標題」選項，按下「確定」鈕。

1 勾選此項
2 按此鈕

7 當表格套用指定樣式後，切換到「資料表工具\設計」功能索引標籤，在「工具」功能區中，執行「轉換為範圍」指令。

執行此指令

8 按下「是」將表格轉換回一般範圍。

按此鈕

9 選取 A1:G1 儲存格範圍，在「常用\對齊方式」功能區中，按下 ≡「置中」圖示鈕，將標題文字置中對齊。

10 選取 A12:D12 儲存格範圍，在「常用\對齊方式」功能區中，執行「跨欄置中」指令，並在合併後的儲存格中輸入「以下訂購價格係□已含□未含 5% 營業稅」文字。

11 先分別在 E12 及 G12 儲存格輸入「訂購總額」及「元」文字，接著選取 F12 儲存格，在「公式\函數庫」功能區中，按下「自動加總」清單鈕，執行「加總」指令。

12 選取加總範圍「F2:F11」儲存格，使完整公式為「=SUM(F2:F11)」，按下資料編輯列上的 ✓「確定」鈕完成公式。

13 選取 F2 儲存格，輸入公式為「=D2*E2」，並將公式複製到 F3:F11 儲存格。

14 選取整欄 F，在「常用\數值」功能區中，按下「數值格式」清單鈕，選擇「會計專用」數值格式。

15 由於預設會計專用數值格式有 2 位小數位數，因此按下 「減少小數位數」鈕 2 次，讓數值顯示為整數。

16 完成 Excel 表格後，先確認表格範圍完全顯示在圖文框中後，將游標移到文件其他位置，按一下滑鼠左鍵，即可結束建立 Excel 表格。若要編輯 Excel 表格內容，只需將游標移到 Excel 表格上方，快按滑鼠 2 下即可。

單元 29 市場問卷調查表

不論是商業行為或是研究報告，為了讓提出來的理論有實際的數據支持，往往都採用問卷調查的方式來收集資料，因此 Word 也針對這個部分提供專業的支援。

範例檔案：PART 3\Ch29 市場問卷調查表

範例步驟

1. 本單元主要介紹表單功能的使用，請先開啟範例檔中的「Ch29 市場問卷調查表(1).docx」，將編輯插入點移到「性別」後方，切換到「開發人員」功能索引標籤，在「控制項」功能區中，按「舊表單」清單鈕，選擇執行「選項按鈕」指令。

    1 編輯插入點移到此
    2 按此清單鈕
    3 執行此指令

2 文件中插入選項按鈕，按滑鼠右鍵開啟快顯功能表，執行「選項按鈕 物件 \ 編輯」指令。

3 在選項按鈕方塊中輸入性別「女」，輸入完按住外框控制點，調整方塊大小。之後複製方塊到右方，準備修改文字成為性別「男」。

4 真糟糕！在複製選項按鈕後，要重新編輯文字時，不小心按到單選鈕這該如何是好？先將游標移到文件空白處，按一下滑鼠左鍵。

5 重新選取選項按鈕方塊，注意到了嗎？此時方塊外框的樣式和在編輯文字時不一樣，在「開發人員 \ 控制項」功能區中，執行「屬性」指令。

6 開啟「屬性」對話方塊，先在 Caption 中輸入「男」，接著在 Value 處將 True 改成「False」，按下右上角的「關閉」鈕。

7 單選鈕恢復未選取的狀態。將編輯插入點移到「出生日期」後方，同樣在「開發人員 \ 控制項」功能區中，執行「日期選擇器內容控制項」指令。

8 文件中插入日期控制方塊，繼續執行「屬性」指令。

執行此指令
最近使用過的檔案名稱

9 開啟「內容控制項屬性」對話方塊，在「月曆類型」中選擇「中華民國曆」，顯示日期格式中選擇「e年M月d日」格式，按下「確定」鈕。

2 選此格式
1 選此月曆類型
2 按此鈕

10 此時日期方塊旁邊會出現下拉式清單鈕，按下此清單鈕，則會顯示日期選擇器。

按此清單鈕
顯示日期選擇器

11 將編輯插入點移到「子女人數」後方，執行 🔲「下拉式方塊內容控制項」指令。

12 出現清單方塊，先在方塊後方輸入文字「人」，再選取清單方塊，執行「屬性」指令。

13 開啟「內容控制項屬性」對話方塊，在下拉式清單內容中按「新增」鈕。

14 另外開啟「新增選項」對話方塊，在顯示名稱中輸入數字「1」，數值處也會自動顯示「1」，按「確定」鈕。

15 回到開啟「內容控制項屬性」對話方塊，重複「新增」步驟陸續加入其他清單內容，新增完畢後，按下「確定」鈕。

16 清單方塊換出現下拉式清單鈕，按下清單鈕則會出現剛輸入的清單內容。

17 陸續在其他項目設計對應的核取方塊，請先開啟範例光碟「範例檔」中的「Ch29 市場問卷調查表(2).docx，繼續最後一個步驟。將編輯插入點移到「職業」項目下的「其他」核取方塊後方，執行 Aa「純文字內容控制項」指令，插入可輸入文字的文字方塊。

18 插入可輸入文字的控制項方塊，反白選此文字方塊的預設文字，切換到「常用」功能索引標籤，按下 U「底線」鈕，將文字加上底線看起來更專業。別忘了執行「限制編輯」指令，讓控制項物件活起來喔！

範例檔案：PART 3\Ch30 英文商業書信

單元 30 英文商業書信

說到書寫英文書信，許多人都會十分頭疼，深怕自己拼字錯誤百出、貽笑大方。不過 Word 可以當私人英文秘書，幫忙檢查拼字及文法的錯誤。

範例步驟

1 請先開啟範例檔「Ch30 英文商業書信 (1).docx」，文中有一些拼字錯誤的地方，會顯示紅色波浪狀底線。將編輯插入點移到紅色波浪底線「meete」位置，按滑鼠右鍵會顯示建議單字選項，選取建議單字「meet」。

1 插入點移到此

2 按滑鼠右鍵點選建議單字

2 如果覺得這樣一個一個點選有些麻煩,切換到「校閱」功能索引標籤,在「校訂」功能區中,執行「拼字及文法檢查」指令。

執行此指令

3 此時會開啟「校訂」工作窗格,表示有拼字上的錯誤,工作窗格中會顯示拼字錯誤的詳細位置及建議修改方式,直接選擇建議單字。

顯示錯誤文法的位置

選擇建議單字

4 當文件中所有錯誤都修改完成之後,就會跳出訊息方塊。直接按「確定」鈕就完成拼字及文法的檢查。

按此鈕

5 有時候口語的單字不太適合用在正式書信，臨時想不起來有什麼其他單字可以替代，將編輯插入點移到「ready」單字中，執行「同義字」指令。

6 開啟「同義字」工作窗格，顯示意思相同的單字選項。如果還不是很確定選項中的單字詞性可以替換，按下想要的選項單字旁的清單鈕，選擇「複製」指令。

7 另外在「校閱\語言」功能區中，按下「翻譯」清單鈕，執行「翻譯選取範圍」指令。

8 另外再開啟「翻譯工具」工作窗格，選取搜尋目標中的單字，按滑鼠右鍵開啟快顯功能表，執行「貼上」指令。

9 「翻譯工具」工作窗格中會顯示單字的解釋說明。若確定要修改，可回到「同義字」工作窗格，再次按下該單字旁的清單鈕，選擇「插入」指令即可變更。

10 如果收到英文書信，在沒有涉及機密文件的狀況下，不妨在「校閱\語言」功能區中，按下「翻譯」清單鈕，執行「翻譯文件」指令。

11 開啟「翻譯工具」工作視窗，整份文件會依照設定的語言模式幫你翻譯，稍微耐心等待。

12 當翻譯完成會另外開啟 Word 文件顯示翻譯的結果。

13 除了預設的中英文翻譯外，還可以選擇其他語言。在「校閱\語言」功能區中，按下「翻譯」清單鈕，執行「設定文件翻譯語言」指令。

14 在「翻譯工具」工作窗格中,將翻譯「目標」選項改成「日文」,按下「翻譯」鈕。

15 Word 幫你將文件翻譯成日文。

單元 31　買賣合約書

> 範例檔案：PART 3\Ch31 買賣合約書

「無紙化」的辦公環境，是現代人所追求的一個目標，但是有些文件，像合約書之類的文件，經常你來我往的要修改很多次，其實只要善用網路資源和追蹤修訂功能，就可以讓辦公室的紙張用量大幅減少。

範例步驟

1 本單元主要介紹追蹤修訂及保護文件功能，請先開啟範例檔中的「Ch31 買賣合約書 (1).docx」，首先設定限制範圍，用來保護文件及記錄修改資料。切換到「校閱」功能索引標籤，在「保護」功能區中，執行「限制編輯」指令。

執行此指令

2 開啟「限制編輯」工作窗格,在第 2 項勾選「文件中僅允許此類型的編輯方式」,並按下清單選項鈕,選擇「追蹤修訂」方式,然後按下「是,開始強制保護」鈕。

3 開啟「開始強制保護」對話方塊,輸入限制編輯密碼「1234」,再輸入一次確認密碼「1234」,輸入完按下「確定」鈕。

4 限制編輯設定完成,接下來要設定保護檔案密碼。「限制編輯」與「檔案保護」功能不相同,「限制編輯」可讓使用者開啟文件來進行修訂,但「檔案保護」可限制使用者開啟檔案,或進行僅能讀取而不能寫入的「唯讀」保護。按下「檔案」功能索引標籤。

5 先切換到「另存新檔」索引標籤，選擇「瀏覽」開啟另存新檔對話方塊，選擇要儲存的資料夾。

6 開啟「另存新檔」對話方塊，按下「工具」旁清單鈕，選擇「一般選項」項目。

7 另外開啟「一般選項」對話方塊，分別輸入保護密碼「1234」和輸入防寫密碼「5678」，輸入完成按「確定」鈕。

8 會另外開啟「確認密碼」對話方塊,再次輸入保護密碼「1234」,輸入完成按「確定」鈕。

9 又會另外開啟「確認密碼」對話方塊,再次輸入防寫密碼「5678」,輸入完成按「確定」鈕。

10 經過層層密碼輸入後,回到「另存新檔」對話方塊,另外輸入檔案名稱後,按「儲存」鈕完成檔案保護密碼設定。

11 文件保護工作都已經設定完成,可以開始在文件中輸入要和其他使用者溝通的文字訊息。選取書名「Office 高手過招 50 招」文字,切換到「插入」功能索引標籤,執行「註解」指令。

12 書名處會顯示註解提示，右邊界處會出現註解的文字方塊，其中預設顯示作者名稱，直接輸入要寫入的文字「書名有需要變更嗎？」，可以再輸入其他註解後，按下「儲存檔案」鈕。接下來就讓文件去旅行，可以透過電子郵件、內部網路分享、雲端分享、儲存裝置傳輸…等各種方法，將檔案傳送給相關人員檢視修改。傳輸過程別忘了密碼也要告知相關人員，否則檔案無法開啟喔！

13 假設文件經過其他成員檢視修改後回來，請先開啟範例檔中的「Ch31 買賣合約書 (2).docx」。開啟文件之前，最先跳出來的是「密碼」對話方塊，請輸入設定的文件保護密碼「1234」，輸入完按下「確定」鈕。

14 又跳出「密碼」對話方塊，這次請輸入文件防寫密碼「5678」，輸入完按下「確定」鈕。

15 要接受或拒絕相關修訂之前，必須先解除「編輯限制」的保護，先執行「校閱\保護\編輯限制」指令，開啟「編輯限制」工作窗格，按下「停止保護」鈕。

16 開啟「解除文件保護」對話方塊，輸入保護密碼「1234」，按下「確定」鈕取消保護文件。

17 想要知道是哪些人做了何種修正，最快的方法就是讓所有修訂列表顯示。按下「校閱\追蹤\檢閱窗格」清單鈕，執行「垂直檢閱窗格」指令。

18 編輯視窗中開啟「修訂」工作窗格，顯示所有修訂內容。點選第一項修訂內容，按下「校閱\變更\接受」清單鈕，執行「接受並移至下一個」指令。

19 自動移到第 2 個修訂處，選擇回覆的註解文字，按下「校閱\註解\刪除」清單鈕，執行「刪除」指令。

20 回覆註解被刪除。接著執行「校閱\變更\下一個」指令，移到下一個修訂處。

21 這一個是金額的部分有作修訂。如果確定不要修改，執行「校閱＼變更＼拒絕＼拒絕並移到下一個」指令。

22 使用者可以一個一個慢慢檢視並決定是否修訂，也可以完全聽從主管的建議，一次接受所有的修訂，請按下「校閱＼變更＼接受」清單鈕，執行「接受所有變更並停止追蹤」指令。

23 當文件內容的修訂都沒問題之後，在儲存成正式買賣合約前，還要將多餘的註解刪除，請按下「校閱＼註解＼刪除」清單鈕，執行「刪除文件中所有註解」指令。最後按下「儲存檔案」鈕，或執行「另存新檔」指令就完成買賣合約書。

單元 32　行銷企劃書

範例檔案：PART 3\Ch32 行銷企劃書

有許多銷售生活日用品的公司，都會以消費即是賺錢的方式吸引消費者加入會員，購買產品越多就可以賺取更多的紅利回饋，召集親朋好友一起團購也可增加額外的獎金，若是讓親友一起加入會員還可以抽取佣金。

範例步驟

1. 請先開啟範例檔「Ch32 行銷企劃書 (1).docx」，將編輯插入點移到第 2 頁表格下方，切換到「插入」功能索引標籤，在「圖例」功能區中，執行「圖表」指令。

   1 插入點移到此
   2 執行此指令

2 開啟「插入圖表」對話方塊,選擇「直條圖」類別下的「群組直條圖」,按下「確定」鈕。

3 選取工作表中所有預設數值的儲存格,按下【Del】鍵,將所有資料刪除。

4 依照文件內的表格內容,將資料數值重新填寫到工作表中。特別注意表格範圍要修正成 A1:G2 儲存格,將游標移到 D5 儲存格右下角位置,當游標符號變成 ↘,按住滑鼠左鍵拖曳到 G2 儲存格位置,按下工作表右上方關閉鈕。

5 圖表依照資料表內容重新繪製，切換到「圖表工具\格式」功能索引標籤，在「大小」功能區中，修改圖表大小為高度：「7.2」公分、寬度：「14.5」公分，讓圖表移到第二頁。

6 按下「圖表工具\設計\快速版面配置」清單鈕，選擇「版面配置2」樣式。

7 快速套用版面配置樣式後，還有一些細節就要在「新增圖表項目」中增減。在「圖表工具\設計」功能區中，按下「新增圖表項目\座標軸」清單鈕，選擇顯示「主垂直」座標軸。

8 繼續按下「新增圖表項目\圖表標題」清單鈕,選擇「無」顯示圖表標題。

9 直接在圖表中,選擇水平座標軸標題,按下【Del】鍵,將標題刪除。

10 圖表繪製完成,接著在圖表上加上一些圖案。切換到「插入」功能標籤索引,按下「圖例\圖案」清單鈕,選擇「五角星形」圖案。

11 在綠色資料條上方拖曳繪製星形，在「繪圖工具 \ 大小」功能區中，修改圖案為「1 公分」長寬的圖形。

12 按圖案樣式選項鈕，選擇「色彩填滿 - 金色，輔色 4」圖案樣式。

13 切換到「設計」功能索引標籤，在「頁面背景」功能區中，執行「頁面框線」指令。

14 開啟「框線及網底」對話方塊,切換到「頁面框線」索引標籤,按下「花邊」清單鈕,選擇圖示花邊。

15 調整花邊的寬度為「16 點」,按下 📋「左框線」鈕,取消顯示左框線。

16 再按下 📋「右框線」鈕,取消顯示右框線,讓花邊只顯示上下框線,確認框線樣式後,按「確定」鈕。

17 顯示指定樣式的花邊框線。

顯示指定樣式頁面框線

單元 33 專案企劃書

> 範例檔案：PART 3\Ch33 專案企劃書

進行大型專案或業務合作時，製作一份專業的企劃書可以協助客戶快速了解合作內容，及相關的利益與前景，並評估合作案所需的必要資訊。一份好的企劃書，不僅可以讓客戶留下好的印象，更可以加快敲定訂單的時程。

範例步驟

1. 請先開啟範例檔「Ch33 專案企劃書 (1).docx」，對於文件中有需要修改的特定名詞，只需要在「常用 \ 編輯」功能區中，執行「取代」指令。

2 開啟「尋找及取代」對話方塊，在「取代」索引標籤中，分別輸入尋找目標「Z-Cam」和取代為「Web-Cam」，按下「全部取代」鈕。

3 此時會跳出「從頭搜尋」的訊息方塊，按下「是」鈕可以從頭在搜尋取代一次。如果已經確定全部完成也可按「否」鈕。

4 另外顯示「全部完成，一共取代 19 筆資料」的訊息方塊，按下「確定」鈕關閉訊息方塊。回到「尋找及取代」對話方塊，按下「關閉」鈕結束「尋找及取代」工作。

5 接著為專案企劃書設計封面，切換到「插入」功能索引標籤，按下「封面頁」清單鈕，選擇「移動」封面樣式。

6 選定樣式的封面頁插入到文件第一頁,按下年份「年」旁的清單鈕,選擇製作文案的日期(假設是 2019/5/30)。

7 雖然是選擇日期,但是在此僅會顯示年份,但下方會顯示詳細日期。在黑色文字方塊中輸入文案標題「數位監控系統專案企劃書」。

8 選取圖片物件,按滑鼠右鍵開啟快顯功能表,執行「變更圖片\從檔案」指令。

單元 33　專案企劃書 | *245*

9 另外開啟「插入圖片」對話方塊，開啟範例檔中的「範例圖檔」資料夾，選擇「產品圖 2」圖片，按「插入」鈕。

10 圖片更換新產品圖，在下方文字方塊輸入其他如公司名稱…等其他資訊。

11 編輯插入點移到第 2 頁，切換到「設計」功能索引標籤，在「頁面背景」功能區中，執行「頁面框線」指令。

12 開啟「框線及網底」對話方塊,並自動切換到「頁面框線」索引標籤,先選擇「星形」花邊框線,按下「確定」鈕套用在整份文件中。

13 由於封面頁也會套用到頁面框線,因此再次執行「頁面框線」指令,開啟「框線及網底」對話方塊,按下「套用在整份文件」旁的清單鈕,選擇「此節,除了第一頁」選項。

14 其他設定維持不變,按「確定」鈕,如此一來除封面頁外,其他頁面皆會套用相同花邊框線。

15 在「插入\頁首及頁尾」功能區中，按下「頁碼」清單鈕，選擇「頁碼底端」類別中的「圓角矩形 2」樣式，在文件底端中央插入頁碼。

16 文件底端出現指定樣式的頁碼，切換到「頁首及頁尾工具\設計」功能索引標籤，在「關閉」功能區中，按下「關閉頁首與頁尾」鈕，結束設定工作。

單元 34　單張廣告設計

範例檔案：PART 3\Ch34 單張廣告設計

別以為圖片眾多的廣告傳單就一定要使用專業的軟體才能製作，只要準備好圖片及宣傳文稿，使用 Word 也能製作出專業的廣告傳單。

範例步驟

1 本範例主要應用文字藝術師及版面設計功能，製作出廣告傳單，請先開啟範例檔「Word 範例檔」資料夾中的「Ch34 單張廣告設計 (1).docx」，先執行「插入＼圖例＼圖片」指令。

執行此指令

2 開啟「插入圖片」對話方塊，選擇範例檔中「範例圖檔」資料夾，選取「產品圖1」圖片檔，按「插入」鈕。

3 接著按下「圖片工具\格式\排列\位置」清單鈕，選擇將圖片移到文件「右下方矩形文繞圖」位置。

4 繼續選取此圖片，按下「圖片工具\格式\圖片效果」清單鈕，選擇「光暈」效果類型，套用「橙色,強調色 2,8pt,光暈」效果樣式。

5 圖片效果設定後，效果不是很明顯，那就變更背景底色。切換到「設計」功能索引標籤，在「頁面背景」功能區中，按下「頁面色彩」清單鈕，選擇標準色彩「深藍」色。

6 背景顏色變成深藍色。接著切換到「插入」功能索引標籤，在「文字」功能區中，按下「文字藝術師」清單鈕，選擇「填滿, 灰-25%, 背景2, 內陰影」樣式。

7 文件中插入文字藝術師文字方塊，先修改字型為「微軟正黑體」，再直接輸入產品名稱「巴冷公主」。

8 選取文字藝術師方塊,使用拖曳的方式將方塊圖案移到文件下方中央位置。

9 接著按住【Ctrl】鍵,使用拖曳的方式複製文字藝術師方塊到左方位置。選取新的文字藝術師方塊,按下「繪圖工具＼格式＼文字效果」清單鈕,選擇「轉換」類型,選擇「梯形(朝右)」樣式。

10 選取文件中央的文字藝術師方塊,按下「繪圖工具＼格式＼文字效果」清單鈕,選擇「反射」類型,選擇「半反射,相連」樣式。

11 文字方塊不僅只是可以加入文字的矩形，Word 還替文字方塊設計一些帶有圖案的樣式，讓文字方塊充滿設計感。立刻切換到「插入」功能索引標籤，在「文字」功能區中，按下「文字方塊」清單鈕，選擇「切割線引述」樣式。

1 按此清單鈕
2 選擇此項

12 文件中插入文字方塊，選取此方塊按滑鼠右鍵，開啟快顯功能表，執行「組成群組\取消群組」指令。

1 選此文字方塊，按滑鼠右鍵，開啟快顯功能表
2 執行此指令

13 文字方塊群組被取消後，被分成 3 個部分，原始的文字方塊、白色矩形圖案及斜線圖案。選取白色矩形圖案，按下【Del】鍵刪除白色矩形部分。

選取白色矩形圖案，按下【Del】鍵

14 接著在文字方塊中輸入宣傳文稿的文件，請開啟範例檔「Word 範例檔」資料夾中的「Ch34 單張廣告設計 (2).docx」，已經在文字方塊中輸入文字。最後調整斜線角度與位置即可。

15 執行「檔案 \ 列印」指令，預覽列印怎麼是白色的底色？因為「頁面色彩」功能僅限於螢幕顯示，使用者可以選擇「深藍色」的紙張進行列印，可以節省墨水。

16 若要連底色一起直接列印，只要插入與頁面相同大小的矩形圖案，圖案填滿選擇「深藍」色、圖案外框選擇「無外框」，最後執行「繪圖工具 \ 格式 \ 排列 \ 下移一層 \ 置於文字之後」指令，再進行列印即可。

範例檔案：PART 3\Ch35 產品使用手冊

單元 35　產品使用手冊

製作產品使用手冊的用意在讓使用者操作時，能夠快速地認識產品特性，並依照規則正確的使用，以免發生不可預期的意外。

範例步驟

1 請先開啟範例檔「Ch35 產品使用手冊 (1).docx」，先將文件檢視模式切換到大綱模式，切換到「檢視」功能索引標籤，在「檢視」功能區中，執行「大綱模式」指令。

2 選擇主要標題文字,按下「本文」旁清單鈕,選擇「階層 2」,以便製作目錄。

3 選擇次要標題文字(斜體字),按下「本文」旁清單鈕,選擇「階層 3」,以便製作索引。

4 將目錄及索引設定為「階層 1」,階層 1~3 設定內容如圖。按下「關閉大綱檢視」鈕,回到整頁檢視模式。

5 將編輯插入點移到第 2 頁目錄標題下方，切換到「參考資料」功能索引標籤，按「目錄」清單鈕，選擇執行「自訂目錄」指令。

6 開啟「目錄」對話方塊，設定顯示階層為階層「2」，按下「確定」鈕。

7 顯示設定的目錄在第 2 頁標題下方。

8 設定索引之前,必須先標註要加入索引的關鍵字。選取第五頁文字「熨燙方法」(階層 3 標題),切換到「參考資料」功能索引標籤,執行「項目標記」指令。

9 開啟「標記索引項目」對話方塊,主要項目中會出現剛選取的文字,並自動出現標題(注音部分),其他項目不須更動,直接按下「標記」鈕。

10 「熨燙方法」文字後方加上一串索引標題文字。暫時不關閉「標記索引項目」對話方塊,選取下一組要標註的文字「加水」,將游標移到主要項目位置,按一下滑鼠左鍵。

11 自動更新主要項目和標題。直接按下「標記」鈕，讓文字「加水」也顯示索引標題。當所有文字項目都完成標註後，按下「關閉」鈕。

12 將編輯插入點移到第 12 頁索引標題下方，切換到「參考資料」功能索引標籤，執行「插入索引」指令。

13 開啟「索引」對話方塊，先設定語言為「中文」，勾選「頁碼靠右對齊」選項，再按下格式旁清單鈕，重新選擇為「項目符號」，按下「確定」鈕。

14 選取所有索引文字內容,按滑鼠右鍵開啟快顯功能表,執行「段落」指令。

15 開啟「段落」對話方塊,設定左右各縮排「1字元」,指定方式「凸排」位移點數「2字元」,並將前後段落間距修改為「0行」,按「確定」鈕完成設定。

16 切換到「插入」功能索引標籤,按下「頁尾」清單鈕,選擇「帶狀」樣式。

17 第一頁自行設計的封面也會出現頁碼,切換到「頁首及頁尾工具\設計」功能索引標籤,先設定頁首及頁尾距離頁緣的位置上下各「0.8 公分」,勾選「第一頁不同」選項。

18 設定完成按下「關閉頁首與頁尾」鈕即可。

單元 36　客戶摸彩券樣張

範例檔案：PART 3\Ch36 客戶摸彩券樣張

單元 36　客戶摸彩券樣張

對於規模不是很大的企業，偶爾想要舉辦抽獎活動，但是一次印刷摸彩券動輒三、五千張，實在既不經濟又不實惠。如果只想辦理小型的摸彩活動，可以使用 Word 來設計摸彩券，可以選擇印少許數量，用完再印，豈不是很方便。

範例步驟

1. 本單元將綜合一些簡單的功能，其實不用很複雜，就可以做精美的摸彩券。請先開啟空白的文件，首先設定紙張大小，切換到「版面配置」功能索引標籤，在「版面設定」功能區中，按下「大小」清單鈕，執行「其他紙張大小」指令。

2 開啟「版面設定」對話方塊,自動切換到「紙張」索引標籤,在紙張大小高度處輸入「5.8 公分」,寬度維持不變。接著按下「邊界」索引標籤,設定頁面邊界。

3 在「邊界」索引標籤中,分別將上、下、左、右邊界設定成「0.8 公分」。接著按下「版面配置」索引標籤,設定頁首頁尾與頁緣的距離。

4 在「版面配置」索引標籤中,設定頁首頁尾與頁緣的距離為「0.5 公分」,全部版面設定完成後,按「確定」鈕。

5 回到文件編輯視窗，編輯範圍明顯變小。在「版面配置\版面設定」功能區中，按下「欄」清單鈕，執行「二」指令，將文件設定成兩欄式編輯方式。

6 文件變成兩欄式編輯方式，開始進行文字編輯，請先開啟範例檔「Word 範例檔」資料夾中的「Ch36 客戶摸彩券樣張(1).docx」，繼續下列步驟。在「插入\圖例」功能區中，按下「圖案」清單鈕，執行「線條」指令，插入一條垂直線，作為兩聯之間的裁切線。

7 繪製一條垂直線條，並對齊頁面中央，按下「繪圖工具\格式\圖案外框」清單鈕，選擇外框色彩「白色,背景1,較深50%」；再按一次「繪圖工具\格式\圖案外框」清單鈕，選擇「虛線」類別，選擇「方點」樣式。

8 接著為版面加些點綴的花邊,切換到「設計」功能標籤索引,執行「頁面框線」指令。

9 開啟「框線及網底」對話方塊,在「頁面框線」索引標籤下,按下「花邊」旁的清單鈕,選擇「愛心」圖樣。

10 繼續調整框線寬度為「5 點」,按下「選項」鈕進行其他設定。

單元 36　客戶摸彩券樣張 | *265*

11 開啟「框線及網底選項」對話方塊，調整頁面框線距離頁面邊緣的距離，上、下為「15 點」，左、右為「12 點」，按下「確定」鈕回到上一步驟的「框線及網底」對話方塊，再按一次「確定」鈕結束頁面框線設定。

1 調整頁面框線距離頁面的距離

2 按此鈕

12 繼續在「設計」功能索引標籤，按下「浮水印」清單鈕，執行「自訂浮水印」指令。

頁面加上愛心框線

1 按此清單鈕

2 執行此指令

13 開啟「列印浮水印」對話方塊，選擇「文字浮水印」選項，在文字中自行輸入「機密樣本」、字型選擇「微軟正黑體」、大小選擇「72」，版面配置選擇「水平」選項，設定完成按「確定」鈕。

1 選擇文字浮水印，相關設定如圖

2 按「確定」鈕

14 文件中央顯示文字浮水印。選擇了文字浮水印效果,就無法選擇圖片浮水印,如果想要兩者兼得,可以調整圖片的色彩效果,執行「插入\圖例\圖片」指令。

15 開啟「插入圖片」對話方塊,選擇範例檔中的「範例圖檔」資料夾,選擇「背景 LOGO」圖檔,按「插入」鈕。

16 切換到「圖片工具\格式\排列」功能區中,按下「文繞圖」清單鈕,執行「文字在前」指令。

17 繼續在「圖片工具\格式\設計\調整」功能區中,按下「色彩」清單鈕,選擇「刷淡」樣式。

1 按此清單鈕

2 選此樣式

18 圖片也顯示類似浮水印效果,複製浮水印效果圖片到相對頁面位置。使用者也可以將圖片製作成浮水印,另外再插入文字方塊製造類似浮水印的效果;或是在頁首頁尾中製作類似浮水印效果也不錯,方法有很多種,看使用者如何自行應用。

圖片顯示浮水印效果

複製到此

單元 37 滿意回函卡

範例檔案：PART 3\Ch37 滿意回函卡

消費者購買公司產品都會附上滿意回函卡，一方面可以作為保固維修的依據，另一方面可以藉此收集消費者資料，作為開發或改善產品的參考，當然還可以寄發其他產品的相關優惠資訊，進一步行銷公司產品。

範例步驟

1 請先開啟範例檔「Ch37 滿意回函卡 (1).docx」，將編輯插入點移到「高雄市」前方，按下「插入\表格」清單鈕，選取「1x4」的表格範圍，在表格中另外新增表格。

2 在新增表格中,輸入郵局核發的廣告回函字樣如圖。

3 選取表格,切換到「常用」功能索引標籤,將表格內字型大小修改成「8」,接著按下「段落」功能區右下角的 ꜛ 展開鈕。

4 開啟「段落」對話方塊,在「縮排與行距」索引標籤中,對齊方式選擇「分散對齊」,取消勾選「文件格線被設定時,貼齊格線」選項,按「確定」鈕。

5 切換到「表格工具\版面配置」功能索引標籤,將表格高度調整成「0.4 公分」、寬度調整成「4 公分」。

6 將游標移到表格左上角 ⊞ 符號位置,按住滑鼠左鍵,拖曳表格到文件右上方位置。

7 廣告回函的表格已經設定完成,接著選取頁面「1x2」的大表格,按滑鼠右鍵開啟快顯功能表,執行「框線及網底」指令。

8. 開啟「框線及網底」對話方塊，在「框線」索引標籤中，選擇「虛線」框線樣式，再按下「無」框的設定鈕。

9. 繼續在「預覽」區域中，按下「格線」鈕，讓表格只出現中央的格線，當作折疊線，按「確定」鈕完成設定。

10. 接著按下「插入\圖例\圖案」清單鈕，選擇插入「水平文字方塊」圖案。

11 在虛線中央拖曳繪製水平文字方塊圖案。

12 在文字方塊中輸入文字「請沿虛線對折」，將文字大小修改成「6」，並在段落中選擇▤「分散對齊」的水平對齊方式。

13 切換到「繪圖工具\格式」功能索引標籤，在「文字」功能區中，按下「對齊文字」清單鈕，選擇「中」的垂直對齊方式。

14 繼續按下「圖案填滿」清單鈕，選擇「無填滿」樣式。

15 繼續按下「圖案外框」清單鈕，選擇「無外框」樣式。

16 最後按下「位置」清單鈕，選擇「中間置中矩形文繞圖」對齊方式，讓文字方塊對齊文件正中央。

單元 38　VIP 名單標籤

範例檔案：PART 3\Ch38 VIP 名單標籤

越來越多的公司會發行 VIP 卡來鞏固既有的客源，也藉由貴賓卡的優惠活動，吸引更多的顧客，若是發行終身貴賓卡就沒有換卡的問題，若是有效期的貴賓卡，等待期限一到，就要準備寄發新的卡片。

範例步驟

1. 本範例主要介紹郵件功能，使用者可以在 Word 建立客戶資料，就可以輕鬆列印郵寄標籤。請先開起 Word 程式並新增空白文件，切換到「郵件」功能索引標籤，在「啟動合併列印」功能區中，按下「選取收件者」清單鈕，執行「鍵入新清單」指令。

1 按此清單鈕

2 執行此指令

2 開啟「新增通訊清單」對話方塊，先按下「自訂欄位」鈕，修改欄位名稱以符合需求。

3 另外開啟「自訂通訊清單」對話方塊，其中會顯示目前所有的欄位名稱，先選取「頭銜」欄位，按「重新命名」鈕。

4 又開啟「更改欄位名稱」對話方塊，輸入新的欄位名稱「稱謂」，按下「確定」鈕。

5 多餘的欄位除了用重新命名給予新的定義外，還可以直接刪除，選擇「公司名稱」欄位，按下「刪除」鈕。

6 開啟確認對話方塊，由於目前尚未輸入任何資料，因此直接按「是」鈕。

7 將多餘的欄位通通刪除後，若發現還要新增欄位，請按下「新增」鈕。

8 開啟「新增欄位」對話方塊，直接輸入新欄位名稱「行動電話」，按「確定」鈕。

9 最後利用「上移」和「下移」鈕，將欄位名稱重新排序。選擇「行動電話」欄位名稱，按「下移」鈕 7 次，每按一次則會下移一個位置。

10 將所有欄位清單排序完畢，按「確定」鈕，開始輸入顧客資料。

11 回到「新增通訊清單」對話方塊，按照欄位名稱位置輸入顧客資料，輸入完成按「確定」鈕。

12 此時會另外開啟「儲存通訊清單」對話方塊，並自動選擇預設的儲存資料夾。使用者也可以選擇其他資料夾儲存，輸入檔案名稱「VIP名單」後，則可按下「儲存」鈕。

13 如果要另外新增其他顧客資料，只要執行「郵件\啟動合併列印\編輯收件者清單\」指令。

14 再次開啟「合併列印收件者」對話方塊，選取「VIP 名單」資料來源，按「編輯」鈕。

15 對話方塊變成「編輯資料來源」，其中顯示的資料清單變成可編輯的模式，若要新增資料按下「新增項目」鈕。

16 輸入第二筆資料，若要新增第三筆資料，請按「新增項目」鈕；若已經輸入完所有資料，請按「確定」鈕。

17 開啟確認對話方塊，選擇按「是」鈕，確認更新收件者清單資料。

18 當收件者清單都建立完畢，就可以開始進行標籤列印的工作。執行「郵件\啟動合併列印\標籤」指令。

19 開啟「標籤選項」對話方塊，在標籤編號處選擇「北美規格」樣式，按下「確定」鈕。

20 回到編輯視窗文件呈現無框線的表格型態，將編輯插入點移到一個表格位置，按下「郵件\書寫與插入功能變數\插入合併欄位」清單鈕，選擇插入「郵遞區號」欄位名稱。

21 「郵遞區號」欄位名稱被插入於文件中，繼續按下「郵件\書寫與插入功能變數\插入合併欄位」清單鈕，選擇插入「縣市」欄位名稱。

22 接著插入「地址」，換行後再插入「姓氏」、「名字」及「稱謂」，最後加上文字「收」，完成合併列印欄位設定。將游標移到表格上方，選取整張表格範圍，統一設定字型為「微軟正黑體」、大小為「14」。

23 繼續設定整張表格文字的對齊方式。同樣選取整張表格範圍，切換到「表格工具\版面配置」功能索引標籤，執行「對齊方式\置中左右對齊」指令。

24 設定完整份標籤的格式後，切換回「郵件」功能索引標籤，執行「預覽結果」指令。

25 文件中顯示合併後的預覽結果，再次執行「郵件\預覽結果」指令。但是一次只列印一張標籤實在浪費，透過設定功能變數可以一次列印所有記錄的標籤。

26 此時文件的其他儲存格會自動插入「«Next Record（下一筆紀錄）»」的功能變數。選取第一個儲存格的欄位名稱及文字，使用拖曳的方式，複製到右邊儲存格中，「«Next Record（下一筆紀錄）»」功能變數的後方。

27 依照相同方式，複製第一個儲存格的欄位名稱到其他儲存格中，完成後執行「郵件\完成與合併\編輯個別文件」指令。

28 開啟「合併到新文件」對話方塊，選擇「全部」記錄，按「確定」鈕。

29 自動合併到名為「標籤 1」的新文件中，使用者可以放入標籤專用紙，執行「列印」功能即可。

合併後的結果

單元 39 產品資訊月刊

範例檔案：PART 3\Ch39 產品資訊月刊

公司產品推陳出新，為了讓消費者更快接受到第一手的消息，除了製作單張廣告資訊讓消費者索閱外，利用產品資訊月刊，製作相關產品的深入報導，更可以加強與使用者的連結，激發認同感。

範例步驟

1 請先開啟 Word 程式，新增空白文件。先切換到「版面配置」功能索引標籤，按下「版面設定」右下角的展開鈕，進行月刊的版面設定。

2 開啟「版面設定」對話方塊，首先在「邊界」索引標籤，設定邊界為上、下、左、右各為「1.5公分」；方向改為「橫向」的頁面方向；按下頁數旁的清單鈕，選擇多頁時套用「書籍對頁」方式。

3 接著按下「每本手冊的張數」清單鈕，設定張數為「4」張。

4 切換到「紙張」索引標籤，按下「紙張大小」清單鈕，選擇「A3 297x420mm」紙張。按下「列印選項」鈕，進行列印背景設定。

5 另外開啟「Word 選項」對話方塊，勾選「列印背景色彩及影像」項目，按「確定」鈕，如此一來「頁面色彩」就可以被列印出來。

6 回到「版面設定」對話方塊，切換到「版面配置」索引標籤，設定頁首及頁尾與頁緣距離為頁首「1.2 公分」、頁尾「1.5 公分」。

7 回到編輯視窗切換到「設計」功能索引標籤，按下「頁面色彩」清單鈕，執行「填滿效果」指令。

8 開啟「填滿效果」對話方塊,切換到「圖片」索引標籤,按下「選取圖片」鈕。

9 另外開啟「插入圖片」對話方塊,按下「從檔案 瀏覽」鈕。

10 開啟範例檔中的「範例圖檔」資料夾,選擇「底圖」檔案,按下「插入」鈕。

11 預覽窗格中顯示選取的圖片，按下「確定」鈕開啟製作月刊囉！

12 請先開啟範例檔「Ch39 產品資訊月刊 (1).docx」，選擇內文中「最新遊戲介紹」，按下 A ▾「常用＼文字效果與印刷樣式」清單鈕，選擇「填滿 - 白色, 外框 - 輔色 2, 強烈陰影 - 輔色 2」樣式。

13 一般內容文字也可以套用特殊效果。選取「遊戲工廠」圖片，在「圖片工具＼格式＼快速樣式」功能區中，選擇「反射浮凸 - 白色」樣式。

14 繼續按下「圖片工具\格式\圖片框線」清單鈕,選擇「藍色,輔色 5, 較深 25%」外框顏色,讓圖片效果更明顯。

15 選取「巴冷公主」圖片,執行「圖片工具\格式\移除背景」指令。

16 有些圖片範圍會被當作背景移除,此時按下「標示區域以保留」鈕,此時游標會變成 ✏ 符號,將游標移到棍子位置,按下滑鼠左鍵。

17 此時棍子會顯示原有的圖樣，沿著棍子、手部及袖子標示保留區域，當顯示正確顏色時，表示該區域不會被當成背景移除。完成按下「保留變更」鈕，則可以正確的移除背景。

按此鈕完成

18 按下圖片旁的智慧標籤，重新選擇文繞圖方式為「穿透」樣式。

1 按此智慧標籤
2 改選此樣式

19 文字會繞著圖片穿透分布。接下來要準備進行列印，按下「檔案」功能索引標籤。

按此標籤
文字會繞著圖片分布

20 切換到「列印」功能區標籤，選擇「手動雙面列印」後，按下「列印」鈕。

1 切換到此功能區標籤　2 選擇雙面列印　3 按此鈕

封底　封面

21 Word 會將第 1 頁及第 4 頁列印成一張正面，而第 2 頁及第 3 頁列印成背面，如此對摺起來，剛好第 1 頁及第 4 頁為封面及封底，而第 2 頁及第 3 頁就成了內頁了。

內頁

單元 40 顧客關懷卡片

範例檔案：PART 3\Ch40 顧客關懷卡片

無論要寄發邀請卡或是賀年卡，通常會先印製卡片，或是購買現成的卡片，很少會使用印表機一張一張的列印。如果想要體貼的將每一個顧客的姓名套印在卡片上，只好利用 Word 的合併列印功能。

範例步驟

1. 本單元主要介紹合併列印精靈的功能，除了整份顧客資料列印外，還可以進行特殊條件的篩選。假設已經印製好的卡片規格如圖，先用直尺將可編輯範圍測量出來，再依照卡片的規格，將紙張大小、邊界等版面配置設定出來。

【卡片正反面】　　【設定版面配置】

2 請先開啟「Ch40 顧客關懷卡片(1).docx」，本範例已事先將版面設定完成，並在可編輯範圍中插入文字方塊，輸入相關卡片訊息。特別注意！實務應用操作時，不會有背景圖，版面設定的準確度十分重要，關係著合併列印後的結果。切換到「郵件」功能索引標籤，按下「啟動合併列印」清單鈕，執行「逐步合併列印精靈」指令。

3 開啟「合併列印」工作窗格，在「您目前使用哪種類型的文件？」選項中，選擇「信件」項目，按「下一步：開始文件」鈕，跟著合併列印精靈的步驟進行設定工作。

4 在「您想如何設定信件？」選項中，選擇「使用目前文件」，按「下一步：選擇收件者」鈕，進行下一步驟。

5 按「瀏覽」鈕選擇已經建立的顧客名單來源。

6 開啟「選取資料來源」對話方塊，選擇範例檔中「Ch40 顧客名單.docx」文件檔，按下「開啟」鈕。

7 開啟「合併列印收件者」對話方塊，在「調整收件者清單」位置，按下「篩選」鈕。

8 另外開啟「查詢選項」對話方塊，在「資料篩選」索引標籤中，設定篩選條件為欄位：「稱謂」、邏輯比對：「等於」、比對值：「小姐」，也就是只要找尋女性顧客的資料，設定完成按下「確定」鈕。

9 回到「合併列印收件者」對話方塊，資料清單中都是女性資料，確認資料無誤後，按下「確定」鈕。

10 回到編輯視窗，在「目前您的收件者是選取自」會顯示資料來源，使用者可以在此重新選擇資料來源，或是針對目前來源進行編輯篩選的工作。按「下一步：寫信」鈕，繼續下一個步驟。

單元 40　顧客關懷卡片 | *297*

11 接著要在文件中插入欲合併的資料欄位。將編輯插入點移到文字內容「親愛的」後方，按下「其他項目」鈕。

12 開啟「插入合併功能變數」對話方塊，選擇插入「資料庫欄位」，選擇插入「名字」欄位，按下「插入」鈕。

13 文件中插入「名字」合併欄位，按下「插入合併功能變數」對話方塊中的「關閉」鈕，結束插入資料欄位。

14 繼續在「合併列印」工作窗格中，按「下一步：預覽信件」鈕，繼續下一個步驟。

15 編輯視窗自動顯示預覽結果。如果沒有其他要修改的地方，按「下一步：完成合併」鈕，進行最後一個步驟。

16 由於要套印到既有卡片上，在尚未確定版面設定是否完全吻合前，不建議直接進行「列印」，請按下「編輯個別信件」鈕。

17 開啟「合併到新文件」對話方塊，選擇「目前的記錄」，按「確定」鈕。

18 合併一筆資料到新文件中，建議先以白紙先列印一張，比對卡片編輯位置，確認版面都十分完美之後，再回到合併文件中，用卡片直接列印所有合併資料。

NOTES

4 經營管理篇

41	公司章程
42	員工手冊
43	員工福利委員會章程
44	管理顧問聘書
45	公司組織架構圖
46	SOP 標準工作流程
47	工作進度計畫表
48	股東開會通知
49	股東會議記錄
50	營運計畫書

單元 41 公司章程

> 範例檔案：PART 4\Ch41 公司章程

公司登記設立時,各縣市建設局都會要求一份「公司章程」,其中註明的公司組織的型態、管理階層人員的職階、股東的權利及義務等內容,以往多半以直書的格式為主,而現階段推行橫式文書,但是不論直書或橫書,不妨都以橫書方式將所有格式設定完畢,要轉換成直書也比較便利。

範例步驟

1. 本單元主要介紹自訂編號格式及浮水印的用法。請先開啟「Ch41 公司章程 (1).docx」,按住【Ctrl】鍵,先選取不連續範圍的六個章節的標題文字,然後按下「常用\段落\編號」清單鈕,執行「定義新的編號格式」指令。

   1 選此文字標題範圍
   2 按此清單鈕
   3 執行此指令

2 開啟「定義新的編號格式」對話方塊，選擇預設「一, 二, 三 (繁)…」的編號樣式，在編號格式中輸入「第」及「章」，中間保留預設的編號樣式，設定完成按下「確定」鈕。

3 章節標題套用第 1 層的編號格式。接著選取第一章前兩行文字範圍，同樣按下「常用＼段落＼編號」清單鈕，執行「定義新的編號格式」指令。

4 再次開啟「定義新的編號格式」對話方塊，仍然保留預設「一, 二, 三 (繁)…」的編號樣式，並在編號格式中輸入「第」及「條」，中間保留預設的編號樣式，按下「確定」鈕。

5 繼續選取下面 3~5 行的文字範圍，再次按下「常用 \ 段落 \ 編號」清單鈕，執行「定義新的編號格式」指令。

套用第 2 層編號格式
1 此文字段落範圍
2 執行此指令

6 再次開啟「定義新的編號格式」對話方塊，在中間編號樣式的前後，加上「(」、「)」，設定完成按下「確定」鈕。

1 設定第 3 層編號格式
2 按此鈕

7 定義了三種新的編號格式，接著選取第 3 層編號格式的文字段落範圍，按下「常用 \ 段落 \ 增加縮排」鈕，此時段落文字會向右移動，執行 3 次。(後續會調整清單縮排)

1 選此文字段落範圍
2 按此鈕
套用第 3 層編號格式

8 選取第 6~7 行文字範圍，按下「常用\段落\編號」清單鈕，選擇剛新增的第 2 層編號格式，讓文字加上第幾條編號。

9 新套用的編號不會自動延續上面的編號，而是重新編號。此時按下滑鼠右鍵開啟快顯功能表，執行「繼續編號」指令。

10 選取的文字範圍會延續上面編號的重新編號，用相同的方法將下方的條文，套用相同的編號格式，並執行「繼續編號」指令，但是部分條文套用編號格式後，會出現換行後的文字沒有對齊上一行的亂象。選取不連續的所有條文段落，按滑鼠右鍵，執行「調整清單縮排」指令。

11 開啟「調整清單縮排」對話方塊，在文字縮排處輸入「2.4 公分」的縮排距離，設定完成按下「確定」鈕。

① 設定縮排距離

② 按此鈕

12 文件段落格式及標號項目都設定完畢，就可以將文件轉換成直書方式。請開啟範例檔「Ch41 公司章程 (2).docx」，切換到「版面配置」功能索引標籤，在「版面設定」功能區中，按下「文字方向」清單鈕，執行「垂直」指令。

① 按此清單鈕

文字換行後整齊排列

② 選擇「垂直」

13 轉換成直書後，文件格式仍然保持完整，只需做一些美觀上的調整。選取六章的標題文字。

選取章節標題

14 在「版面配置」功能索引標籤下,「段落」功能區中,設定向前縮排「2 字元」,讓文件段落看起來更明顯。

15 文件直書後,文字都沒有問題,但是阿拉伯數字就會出現沒有轉向的問題。選取「99%」文字,執行「常用 \ 段落 \ 亞洲配置方式 \ 橫向文字」指令。

16 開啟「橫向文字」對話方塊,勾選「調整於一行」項目,按下「確定」鈕。

17 數字改成橫向排列，依相同方法將下一行「1%」也改成橫向文字。

18 有些時候文件還在草擬的階段，為了避免誤用造成損失，不妨在文件中加上明確的記號。切換到「設計」功能索引標籤，按下「頁面背景」功能區中的「浮水印」清單鈕，選擇「草稿1」浮水印樣式。

19 文件中央隱約顯示「草稿」字樣，這樣文件就不怕被誤用。

範例檔案：PART 4\Ch42 員工手冊

單元 42 員工手冊

每個新進員工都會拿到一本員工手冊，其中載明了員工應該遵守的權利與義務。員工手冊是條文複雜的長篇文件，如何利用 Word 功能將內容編排的條理清晰，讓員工更快了解員工手冊的內容。

範例步驟

1. 本單元主要介紹設定格式樣式，並利用大綱模式編輯文件，讓長文件的編排有規範可依循。請先開啟範例檔「Ch42 員工手冊 (1).docx」，首先建立章節編號的格式樣式。將編輯插入點移到「總則」文字前方，切換到「常用」功能索引標籤，按「樣式」功能區的「其他」清單鈕，執行「建立樣式」指令。

1 編輯插入點移到此

2 執行此指令

2 開啟「從格式建立新樣式」對話方塊，樣式名稱處輸入「章號」，按下「修改」鈕。

3 開啟更大的「從格式建立新樣式」對話方塊，「供後續段落使用之樣式」修改為「內文」；字型大小變更為「14」且設定為「粗體」；按下 ≡ 「行距與段落間距」鈕，增加與前後段距離「6pt」；之後按下「格式」清單鈕，選擇「編號方式」進行設定。

4 另外開啟「編號及項目符號」對話方塊，選擇「第一章」編號方式，按「確定」鈕。

5 所有的格式設定都會顯示在下方位置，若要進行其他格式設定像段落、文字效果…等，再按下「格式」清單鈕進行設定，若全部設定確認後，按「確定」鈕回到編輯文件視窗。

6 「總則」套用新增的「章號」樣式。將編輯插入點移到「工作時間細則」，按下「常用\樣式」清單鈕，選擇剛新增的「章號」樣式，文件會立即預覽套用的效果。依相同方法將下方其他 6 個章節標題設定相同樣式。

7 如果已經設定好的樣式要做修改,勢必會影響已經設定樣式的章節標題,因此可以同時選取這些標題。將編輯插入點移到「第一章」位置,按下「常用\樣式」清單鈕,選取「章號」樣式,按滑鼠右鍵,執行「選取全部 8 個例項」指令。

8 已經選取 8 個章號標題,再次按下「常用\樣式」清單鈕,選取「章號」樣式,按滑鼠右鍵,執行「修改」指令。

9 此時會開啟「修改樣式」對話方塊,按下「格式」清單鈕,執行「字型」指令。

10 開啟「字型」對話方塊，切換到「進階」索引標籤，「間距」處選擇「加寬」，點數設定為「3 點」。

11 回到「修改樣式」對話方塊，確認沒有其他要修改的部分後，按下「確定」鈕完成修改樣式。

12 將編輯插入點移到非章節標題處，切換到「常用」功能索引標籤，按下「樣式」清單鈕，執行「建立樣式」指令，另外再設定「條號」、「項號」及「小項」3 種樣式，輸入名稱後，直接按下「確定」鈕，不需另外修改格式。

13 接著要設定多層次的項目編號，以便配合大綱來編輯長文件。將編輯插入點移到第一章標題下方第一行位置，按下 「常用\段落\多層次清單」清單鈕，執行「定義新的多層次清單」指令。

14 開啟「定義新的多層次清單」對話方塊，先選擇要修改的階層「1」，在「這個階層的數字樣式」項下，按下數字樣式清單鈕，選擇「一、二、三(繁)…」數字樣式，按下「更多」鈕，進行更多的設定。

15 繼續輸入數字的格式設定成「第一條」，中間數字為這個階層的數字樣式，接著位置部分設定文字縮排「2.6公分」，最後按下「將階層連結至樣式」清單鈕，選擇步驟12定義的「條號」格式樣式。

16 選擇階層「2」，進行相關設定。輸入數字的格式設定成「(一)」，文字縮排「3.8公分」，位置對齊「2.6公分」，將階層連結至樣式選擇「項號」樣式。

17 接著選擇階層「3」，進行相關設定。在「這個階層的數字樣式」項下，按下數字樣式清單鈕，選擇「全形…」數字樣式，輸入數字的格式設定成「1、」，文字縮排「5公分」，位置對齊「3.8公分」，將階層連結至樣式選擇「小項」格式樣式。當所有清單階層都設定完成，按下「確定」鈕則可回到文件編輯視窗。

18 選取前 3 段文字範圍，按下「樣式」清單鈕，選擇套用「條號」樣式，此時發現「樣式」與「多層次清單」結合，只要套用樣式就可以一併套用編號清單。

19 雖然在多層次清單中有設定層級，但是切換到大綱檢視模式下就能清楚的知道並非如此，因此要運用大綱檢視模式來修正整篇文章的層級。請先開啟範例檔「Ch42 員工手冊 (2).docx」，首先切換到「檢視」功能索引標籤，執行「大綱模式」指令切換檢視模式。

20 此時會切換到大綱檢視模式，而「常用」功能索引標籤左方會出現「大綱」功能索引標籤。將編輯插入點移到第一章文字內容，切換到「常用」索引標籤，按下「樣式」清單鈕，選擇「章號」樣式，按下滑鼠右鍵，執行「選取全部 8 個例項」指令。

21 已經選取 8 個章號標題，切換回「大綱」索引標籤，按下「大綱階層」清單鈕，選擇變更階層由本文變成「階層 1」。

22 此時選取範圍已經變成階層 1，而標題前方會出現 ⊕ 符號。按下「顯示階層」清單鈕，選擇僅顯示「階層 1」內容。

23 編輯視窗中僅顯示第一階層的文字內容。按下「關閉大綱模式」圖示鈕可結束大綱模式。

24 回到「整頁模式」編輯文件。將編輯插入點移到第一章文字內容，切換到「參考資料」功能索引標籤，按下「目錄」清單鈕，選擇「自動目錄2」樣式。

25 依據大綱階層1，自動建立員工手冊目錄。但是目錄與內容在同一頁略顯擁擠，不妨將員工手冊內容移到下一頁，執行「插入＼頁面＼分頁符號」指令，強迫內容換頁。

26 由於插入換頁符號，內容已經被迫移到下一頁，所以頁次已經調整，但目錄卻沒更新。只需要選取目錄範圍，就會顯示智慧功能表，執行「更新目錄」指令進行頁碼更新。

27 開啟「更新目錄」對話方塊,如果目錄內容沒有修改,只需要選取「只更新頁碼」選項,按下「確定」鈕即可。

28 目錄中頁碼已經更新。如果覺得目錄段落擁擠,也可以選取目錄文字範圍,在「常用\段落」功能區中,按下 「行距與段落間距」清單鈕,調整行距為「1.5」行,讓目錄看起來更美觀。

> 範例檔案：PART 4\Ch43 員工福利委員會章程

單元 43 員工福利委員會章程

公司成長到一定規模時，就會成立員工福利委員會，透過員工自治管理員工的福利，這樣的方式除了尊重員工對福利金的運用方式外，還可以減少公司管理人員的工作負擔。員工福利委員會經費的來源及運用，以及各委員的遴選，都能透過福委會章程來規範，避免人為濫權。

範例步驟

1 有時候文件經過一段時間都會更新修改，對於不同版本的文件可以利用 Word 幫忙比較，可以省去對照的時間。請先開啟範例檔「Ch43 員工福利委員會章程 (1).docx」，切換到「校閱」功能索引標籤，按下「比較」清單鈕，執行「比較」指令。

2 開啟「比較文件」對話方塊，按下原始文件清單鈕，選擇目前正開啟的「Ch43 員工福利委員會章程 (1).docx」。修訂的文件中，按下「瀏覽」圖示鈕，選擇其他檔案。

3 開啟「開啟舊檔」對話方塊，選擇範例檔中的「Ch43 員工福利委員會章程 (2).docx」，按下「開啟」鈕。

4 回到「比較文件」對話方塊，將變更顯示選擇在「原始的文件」(1)，設定「比較設定」如圖（不要改變也可以），按下「確定」鈕。

5 另外開啟新文件，文件中會顯示兩個版本之間差異的地方，私名號註記的表示是修改後的版本，畫刪除線的則為原始版本，在「校閱\變更」功能區中，執行「下一個」指令，開始進行追蹤修訂。

執行此指令

顯示差異的部分

6 顯示私名號註記的差異處，在「校閱\變更」功能區中，按下「接受」清單鈕，選擇「接受並移至下一個」指令。

反白顯示變更處

1 按此清單鈕

2 執行此指令

7 顯示刪除線註記的差異處，在「校閱\變更」功能區中，按下「拒絕」清單鈕，選擇「拒絕並移至下一個」指令。依此方式將文件比對校正完成。

1 按此清單鈕

移到另一個差異處

2 執行此指令

8 但是有些文件還沒完成,就先交給其他人繼續完成,回頭又要整理時,不妨藉由「合併」的功能幫忙完成。請先開啟範例檔「Ch43 員工福利委員會章程(2).docx」,切換到「校閱」功能索引標籤,按下「比較」清單鈕,執行「合併」指令。

9 開啟「合併文件」對話方塊,原始文件選擇目前正開啟的「Ch43 員工福利委員會章程(2)」,修訂的文件則選擇「Ch43 員工福利委員會章程(3)」檔案,比較設定可以全選,在「將變更顯示於」選項中選擇「新文件」,就是在新文件中顯示合併後的結果,按「確定」鈕。

10 另外開啟視窗訊息方塊,由於文件格式可再修正,因此可任選一個檔案格式後,按「繼續合併」鈕。

11 兩份文件已經合併。如果不知道要如何保留哪一段修正，可以在校閱\比較」功能區中，按下「比較\顯示文件來源」清單鈕，執行「顯示原稿及修訂」指令。

12 視窗中會自動分割合併、原稿及修訂文件，提供使用者參考，使用者只要根據「修訂」工作窗格的順序，對照原稿及修訂文件，依序接受或拒絕修訂（如步驟 7~8）。

13 所有修訂都已完成後，只要在「校閱\比較」功能區中，按下「顯示來源文件」清單鈕，執行「隱藏來源文件」指令，則只顯示合併後文件。

14 由於字型有點混亂，不妨重新修正。在「常用\編輯」功能區中，按下「選取」清單鈕，執行「全選」指令，選取所有文字。

15 將所有文字的字型設定為「新細明體」，按下快速存取工具列上的「儲存檔案」圖示鈕。

16 開啟「另存新檔」對話方塊，可將合併後的檔案另外儲存在資料夾即可。

> 範例檔案：PART 4\Ch44 管理顧問聘書

單元 44 管理顧問聘書

公司有時候會聘請德高望重的先進擔任公司的管理顧問，慎重起見都會製作專屬的聘書。其實只要用 A4 紙張設計一張，蓋上公司的大小印，加上精美的相框，就可以媲美專業製作的聘書。

範例步驟

1 請先開啟範例檔「Ch44 管理顧問聘書 (1).docx」，切換到「設計」功能索引標籤，執行「頁面框線」指令。

2 開啟「框線及網底」對話方塊，按下「花邊」旁的清單鈕，選擇下方黑白色系的圖案。

3 按下「色彩」清單鈕，選擇框線色彩「金色, 輔色 4, 較深 25%」，黑色系的花邊可以更換色彩。

4 繼續按下「選項」鈕，進行進一步的設定。

5 另外開啟「框線及網底選項」對話方塊，按下「度量基準」旁的清單鈕，選擇「文字」選項。

6 設定花邊距文字邊界的距離，上、下邊界為「22 點」，左、右邊界為「26 點」，按「確定」鈕回到「框線及網底」對話方塊。

7 回到「框線及網底」對話方塊，最後修改花邊寬度為「12 點」，按「確定」鈕完成頁面框線設定。

8 切換到「插入」功能索引標籤，在「頁首及頁尾」功能區中，按下「頁首」清單鈕，執行「編輯頁首」指令。

9 切換到「頁首及頁尾工具 \ 插入」功能索引標籤下，在「文字」功能區中，按下「文字藝術師」清單鈕，選擇「漸層填滿 - 金色填滿, 輔色 4, 外框 - 輔色 4」樣式。

10 在文字藝術師方塊中輸入公司名稱「家碩環球行銷股份有限公司」，並修改字型為「微軟正黑體」，大小為「28」。

11 切換「繪圖工具\格式」功能索引標籤，在「文字藝術師樣式」功能區中，按下「文字效果」清單鈕，選擇「轉換」效果中的「向上拱形」樣式。

12 為了讓拱型文字效果更明顯，修改文字藝術師方塊為高「6公分」、寬「14.6公分」，並拖曳到適當的位置。

13 繼續在「頁首及頁尾工具」設計模式下，切換到「插入」功能索引標籤，在「圖例」功能區中執行「圖片」指令。

14 開啟「插入圖片」對話方塊，開啟範例檔中的「範例圖檔」資料夾，選擇「W01」圖檔，按下「插入」鈕。

15 插入選擇的圖片，按下圖片旁的智慧標籤鈕，選擇「文字在前」文繞圖樣式。

16 切換到「圖片工具 \ 格式」功能索引標籤，先修改圖片大小為高「10.75 公分」、寬「14.6 公分」，修改完後拖曳圖片物件到文件下方位置。

17 在「圖片工具 \ 格式 \ 調整」功能區中，按下「色彩」清單鈕，選擇「刷淡」樣式。

18 最後別忘了切換到「頁首及頁尾工具 \ 設計 \ 關閉」功能區中，執行「關閉頁首與頁尾」指令即可。

單元 45 公司組織架構圖

範例檔案：PART 4\Ch45 公司組織架構圖

公司組織架構圖是每間公司必備的重要文件，所代表的不僅是公司的組織架構，也表示著職位上職權的管轄範圍，因此在層級上要特別注意。

範例步驟

1 本單元主要介紹利用 SmartArt 圖形，快速製作出組織架構圖。請先開啟「Ch45 公司組織架構圖 (1).docx」，將游標移到第二行中央位置，切換到「插入」功能索引標籤，在「圖例」功能區中，執行「插入 SmartArt 圖形」指令。

1 將插入點移到此
2 執行此指令

2 開啟「選擇 SmartArt 圖形」對話方塊，切換到「階層圖」類型，選擇「組織圖」樣式，按「確定」鈕。

3 功能表列新增 SmartArt 工具功能索引標籤，文件中插入預設的組織圖圖形，選取第一層的圖案，直接輸入文字「股東會」。

4 接著選擇第二層圖案，輸入文字「董事會」。按住【Shift】鍵，同時選取第三層中其中 2 個圖案，按下【Del】鍵，將這 2 個圖案刪除。

單元 45　公司組織架構圖 | *335*

5 選取第三層剩下的圖案,輸入文字「董事長」。接著切換到「SmartArt 工具＼設計」功能索引標籤,在「建立圖形」功能區中,按下「新增圖案」清單鈕,執行「新增下方圖案」指令。

6 新增第四層圖案,在新增的圖案中輸入文字「總經理」。輸入完畢,再次執行「新增下方圖案」指令。

7 新增第五層圖案,在新增的圖案中輸入文字「旅遊銷售處」。輸入完畢後,執行「新增前方圖案」指令,新增相同層級另一個處室。

8 新增第五層同級圖案,在新增的圖案中輸入文字「行政管理處」。接著依據組織架構重複新增圖案及輸入文字工作。

9 公司組織做了部分修正,將「行銷企劃部」提升為「行銷企劃處」,其中包含「廣告美編部」及「公關部」,請開啟「Ch45 公司組織架構圖 (2).docx」,進行編修組織圖。選取「行銷企劃部」圖案,執行「升階」指令。

10 「行銷企劃部」提升階層與「行政管理處」及「旅遊銷售處」同級。接著執行「文字窗格」指令,修改圖案文字。

11 文件中開啟「文字窗格」，窗格中的文字與階層圖同步，也有相同階層。反白選取「文字窗格」中「行銷企劃部」的「部」字。

12 輸入「處」取代「部」字，圖形中也會同步修改。按下「文字窗格」由上方 ✕「關閉」鈕，即可關閉文字窗格。

13 看不習慣單一顏色的組織圖圖形，可以「變更色彩」按下「變更色彩」清單鈕，選擇套用「彩色範圍，輔色 3 至 4」色彩樣式。

14 如果不喜歡目前組織圖的樣式，也可以重新選擇。按下「改變版面配置」樣式的 ▼ 展開鈕，選擇套用「階層圖」版面配置樣式。

選此版面配置樣式

15 組織架構圖套用新的色彩及版面配置樣式。看到圖形中有部分圖案內文字強迫換行，不是很美觀，只要調整一下圖案大小就可以解決。按住【Shift】鍵，逐一選取所有綠色圖案。

套用新的色彩及版面配置樣式

選取所有綠色圖案

16 切換到「SmartArt 工具\格式」功能索引標籤，按下「大小」清單鈕，調整高度「1.3 公分」、寬度「2.45 公分」。由於圖案在繪圖畫布中會自動調整對應圖案的大小，建議以上下箭頭微調圖案寬度，直到文字都在同一行的寬度。

調整圖案大小

圖形太大被迫換頁

17 由於圖形太大，因此被迫換頁到第 2 頁，此時不需要每個圖案的大小，只需修改繪圖畫布的大小即可。將游標移到畫布四周的白色控制點，按一下控制點選取整張畫布，按下「大小」清單鈕，調整畫布高度「12 公分」、寬度「26 公分」，如此就會在一頁的範圍內。

18 除了套用預設的色彩樣式外，還可以藉由「圖案填滿」替圖案變換不同顏色。選取「行政管理處」及下層三個部門圖案，按下「圖案填滿」清單鈕，選擇「綠色, 輔色 6, 較淺 80%」色彩，利用些許色差，讓同階層的不同處室，有明顯的區隔。

範例檔案：PART 4\Ch46 SOP 標準工作流程

單元 46 SOP 標準工作流程

SOP 標準工作流程就是將公司各項工作標準化，並製作成標準作業手冊，這項管理技能有助於讓新手藉由手冊快速了解公司運作，盡速進入工作狀態，減少培訓的時間。當工作上遇到任何問題時，也可以參照 SOP 的流程，作為有效解決的依據。

範例步驟

1 請先開啟範例檔「Ch46 SOP 標準工作流程(1).docx」，切換到此「插入」功能索引標籤，在「圖例」功能區中按下「圖案」清單鈕，選擇 「流程圖：多重文件」圖案。

1 按此清單鈕

2 選此圖案

2 在拜訪客戶流程下方,拖曳繪製出約 2 公分寬的圖案。

3 選取圖案按滑鼠右鍵,開啟快顯功能表,執行「新增文字」指令。

4 在圖案中輸入文字「訂單」,再次按滑鼠右鍵,開啟快顯功能表,執行「設定圖形格式」指令。

5 開啟「設定圖形格式」工作窗格，先在「圖案選項」索引標籤下設定圖案格式，按下 ◊「填滿與線條」圖示鈕，選擇「無填滿」的填滿設定。

6 滑動垂直捲軸，繼續設定圖案線條，將色彩改為「黑色」、寬度設定為「0.75」pt。

7 在「文字選項」索引標籤下設定文字格式，按下 A「文字填滿與外框」圖示鈕，選擇「黑色」的文字色彩。

8 按下 🖹「版面配置與內容」圖示鈕，選擇垂直對齊方式為「中」，並設定為自距離圖案邊界的距離皆為「0公分」，全部設定完成按下工作窗格右上方的「關閉」鈕。

9 由於每次繪製圖案都要重新設定有點麻煩，不妨將這樣的圖案格式設定成預設值。選取圖案物件，按滑鼠右鍵開啟快顯功能表，執行「設定為預設圖案」指令。

10 再次按下「插入\圖例\圖案」清單鈕，在最近使用過的圖案中選擇 🗇「流程圖:多重文件」圖案。

11 在訂單旁邊一欄，拖曳繪製流程圖，繪製出來的圖案自動變成剛設定的格式。

12 在上步驟新增的圖案中輸入文字「開單工作」。按下「插入 \ 圖例 \ 圖案」清單鈕，在線條中選擇「接點：肘形單箭頭」圖案。

13 拖曳繪製肘形單箭頭圖案。

14 選取線條圖案物件,切換到「繪圖工具\格式」功能索引標籤,在「排列」功能區中,按下「旋轉」清單鈕,執行「向右旋轉 90 度」指令。

15 在「繪圖工具\格式」功能索引標籤中,按下「線條外框」清單鈕,分別將線條色彩變更成「黑色」,並將線條寬度改為「0.75 點」。也可以將此線條格式設定為預設圖案,方便流程圖繪製。

16 請開啟範例檔「Ch46 SOP 標準工作流程 (2).docx」,繼續為流程圖加上註腳。快按滑鼠左鍵 2 下將編輯插入點加到「訂單」圖案下方,切換到「參考資料」功能索引標籤,在「註腳」功能區中,按下「插入註腳」圖示鈕。

17 出現註腳編輯區，在此輸入文字「請填寫三聯式訂購單」，輸入完畢按滑鼠右鍵，開啟快顯功能表執行「附註選項」指令。

18 開啟「註腳及章節附註」對話方塊，在位置中改選註腳位置為「文字下方」，按下「套用」鈕。

19 陸續再插入其他註腳，插入點換顯示註腳標號，而所有註解說明文字都會在文字編輯區下方依標號列示。

範例檔案：PART 4\Ch47 工作進度計畫表

單元 47　工作進度計畫表

工作進度計畫表常使用在有專案進行時，必須在一定的時間之內完成表定的所有工作，當然規劃時必須保留彈性的時間，以防臨時有其他事情耽擱原有的計畫。最常見的工作進度表是「甘特圖」，利用不同顏色的線條色彩，表示事項正在進行中或是完成；利用不同的長度，表示事項所需要的時間，可說是一目了然。

範例步驟

1 請先開啟範例檔「47 工作進度計畫表 (1).docx」，選取「完成百分比」該列右方所有空白的儲存格，在「常用 \ 段落」功能區中，按下「編號」清單鈕，執行「定義新的編號格式」指令。

1 選取此儲存格範圍
2 按此清單鈕
3 執行此指令

2 開啟「定義新的編號格式」對話方塊，選擇數字「1,2,3…」編號樣式，刪除編號格式內數字以外的所有符號，按「確定」鈕。

3 儲存格中自動填滿編號，無須自行輸入數值。假設計畫是從該月 16 日開始進行，選取編號「1」，按滑鼠右鍵開啟快顯功能表，執行「設定編號值」指令。

4 開啟「設定編號值」對話方塊，選擇「開始新的清單」，輸入設定值為「16」，按「確定」鈕。

單元 47　工作進度計畫表 | *349*

5 儲存格內數值依照設定值重新編號。假設該月有 31 天，選取編號「32」，按滑鼠右鍵開啟快顯功能表，執行「設定編號值」指令。

6 再次開啟「設定編號值」對話方塊，自動選擇「開始新的清單」，輸入設定值為「1」，按「確定」鈕。

7 後方儲存格自動從 1 開始重新編號。選取「計畫天數」前方 2 個空白字元。

8 在「常用\字型」功能區中，按下 A 「字元框線」鈕，使空白字元加上框線，作為代表「計畫天數」的方框。

9 繼續選取代表「計畫天數」的方框，在「常用\段落」功能區中，按下 △ ▾ 「網底」清單鈕，選擇填上「黃」色。

10 選取「實際天數」前方2個空白字元，再次按下「字元框線」鈕，使空白字元加上框線。

11 再次按下「網底」清單鈕，將代表實際天數的方框填上「淺藍」色。

12 最後依照計畫天數，選取同數量的儲存格，先填上黃色，等實際執行計畫時，再依照實際天數，隨時修改儲存格顏色即可。

單元 48 股東開會通知

範例檔案：PART 4\Ch48 股東開會通知

股份有限公司依規定每年都要召開股東大會，由公司經營者向股東們說明去年的營收狀況和下半年及明年公司的營運方向，當然最主要的是決定是否要分股息和盈餘轉增資的相關訊息。

範例步驟

1 請先開啟範例檔「Ch48 股東開會通知 (1).docx」，將游標移到頁首位置，快按滑鼠左鍵 2 下，進入編輯頁首頁尾模式。

2 公司名稱原本是由內文樣式加上文字效果而成，而不是文字藝術師，想做其他變化有限，可直接選取公司名稱文字，在「插入\文字」功能區中，按下「文字藝術師」清單鈕，選擇「填滿-藍色，輔色1，外框-背景1，強烈陰影-輔色1」樣式。

3 公司名稱文字轉變成文字藝術師方塊，選取此方塊，拖曳調整位置到對齊文件中央。

4 切換到「繪圖工具\格式」功能索引標籤，在「文字藝術師樣式」功能區中，按下「文字效果」清單鈕，選擇「轉換」效果中的「上凹下平」樣式。

5 文字藝術師方塊套用指定效果，方塊中央會有一個黃色的圓形控制鈕，按住此控制鈕，向上方拖曳。

6 放開滑鼠左鍵結束調整文字藝術師，此時上凹效果比較不明顯。將游標移到文件編輯區域，快按滑鼠左鍵 2 下，結束編輯頁首與頁尾。

7 對於要加入其他 Word 文件內容，最常使用的方式是使用剪貼簿，若是要插入整份文件還有更好的方法。將編輯插入點移到文件下方，在「插入 \ 文字」功能區中，按下「物件」清單鈕，選擇插入「文字檔」物件。

單元 48　股東開會通知 | 355

8 開啟「插入檔案」對話方塊，選擇範例檔中的「Ch48 股東開會出席調查表.docx」，按下「插入」鈕。

9 檔案插入到文件中，編輯插入點移到新文件開頭處，在「插入\頁面」功能區中，執行「分頁符號」指令，將檔案資料移到下一頁。

10 浮水印功能不僅可以插入預設文字，還可以插入指定文字。切換到「設計」功能索引標籤，在「頁面背景」功能區中，按下「浮水印」清單鈕，執行「自訂浮水印」指令。

11 開啟「列印浮水印」對話方塊，選擇「文字浮水印」，按下色彩清單鈕，選擇「藍色, 輔色 1, 較淺 60%」文字色彩。

12 繼續選擇字型為「微軟正黑體」，選取文字處的預設文字，按下【Del】鍵，刪除預設文字。

13 重新輸入文字「家碩環球行銷用箋」，按下「確定」鈕。

14 文件中插入自訂的文字浮水印。

插入自訂文字的浮水印

單元 49　股東會議記錄

發出股東會議通知之後，還有許多相關的工作需要準備，例如說議程的安排…等。會後還需要製作股東會議記錄，這時候會議議程就是很好的幫手，記錄者只需要根據議程規劃，將討論的內容及結果記錄下來，附上相關的輔佐資料，就可以快速完成會議記錄。

範例檔案：PART 4\Ch49 股東會議記錄

範例步驟

1 Word 預設的本文字型為「新細明體」，雖說可以在編輯中修改字型，若是一開始就先設定好本文字型，編輯時就可以少些麻煩。請先開啟範例檔「Ch49 股東會議記錄 (1).docx」，切換到「設計」功能索引標籤，按下「字型」清單鈕，選擇「Arial 微軟正黑體」字型。

1 按此清單鈕
2 選此本文字型

2 先依照議程內容制定所需要的字型樣式,在「常用\樣式」功能區中,按下樣式庫的展開鈕,執行「建立樣式」指令。

3 在「從格式建立新樣式」對話方塊,先輸入樣式名稱「編號壹」,按下「修改」鈕。

4 開啟「從格式建立新樣式」對話方塊,按下「格式」清單鈕,選擇設定「字型」。

5 另外開啟「字型」對話方塊，切換到「進階」索引標籤，間距選擇「加寬」點數設定「1.5 點」，按下「確定」鈕。

6 回到「從格式建立新樣式」對話方塊，按下「格式」清單鈕，選擇設定「段落」。

7 另外開啟「段落」對話方塊，設定段落間距與前段距離「1 行」、與前段距離「0.5 行」，行距為「固定行高」、行高「25 點」，按下「確定」鈕。

8 再次回到「從格式建立新樣式」對話方塊，再按下「格式」清單鈕，選擇設定「編號方式」。

9 另外開啟「編號及項目符號」對話方塊，按下「定義新的編號格式」鈕。

10 再開啟「定義新的編號格式」對話方塊，選擇大寫「壹, 貳, 參…」編號樣式，並設定編號格式為「壹、」，按「確定」鈕。

11 回到「編號及項目符號」對話方塊，選擇新定義的編號樣式，按下「確定」鈕。

12 再次回到「從格式建立新樣式」對話方塊，所有的格式設定都會顯示在空白區中，按下「確定」鈕完成「編號壹」樣式設定。

13 按住【Ctrl】鍵，選取議程標題，在「樣式」庫中套用「編號壹」樣式。

1 選此文字範圍
2 套用此樣式

14 依相同步驟 2~12 方法定義「編號二」樣式。

建立新樣式

15 按住【Ctrl】鍵，選取編號及案號文字，按下「樣式」清單鈕，套用「編號二」樣式。

1 選此文字範圍
2 套用樣式

16 重新選取案號，按下 ≡ ▾「編號」圖示鈕，則可取消自動編號。

17 所有議程標題都設定並套用樣式後，只要將會議討論內容及決議加入議程中，再些微調整格式即可。請開啟「Ch49 股東會議記錄(2).docx」，選取開會資訊相關文字，按下「框線」清單鈕，執行「框線及網底」指令。

18 開啟「框線及網底」對話方塊，選擇框線樣式並設定寬度為「3/4pt」，按「下框線」鈕，套用到「段落」，讓段落文字下方呈現分隔線，設定完成按「確定」鈕。

19 段落下方出現分隔線。最後選取文件標題中的「議程」，修改成為「記錄」即可。

修改標題文字

單元 50 營運計畫書

範例檔案：PART 4\Ch50 營運計畫書

製作營運計畫書最主要的目的，是為了讓投資者了解企業經營的決策與目標。營運計畫書大致上會列出公司背景、營運目標、比較年度的財務報表、未來展望…等，視情況增減其內容。有些銀行申請貸款時，還會要求增加成本分析表、還款計畫…等，有關財務面的各項專業報表，由此可見營運計畫書涵蓋的內容十分廣泛。

範例步驟

1 長文件的編輯往往是讓人最頭疼的事，不只安排文字、數字編號的階層和樣式，還要顧及圖表及目錄的樣式，這樣整體文件的層次才會清楚明白。請先開啟範例檔「Ch50 營運計畫書 (1).docx」，先到文件第 4 頁找到「組織圖」，選取公司組織圖物件，切換到「參考資料」功能索引標籤，在「標號」功能區中，執行「插入標號」指令。

1 選取此物件
2 執行此指令

2 開啟「標號」對話方塊,選擇標籤為「圖表」,此時標號會自動顯示「圖表 1」,位置則選擇「選取項目之下」,按下「確定」鈕。

3 組織圖物件下方出現標號「圖表 1」。

4 將編輯插入點移到標號右方,輸入圖表名稱「公司組織圖」,並修改字型與文件設定相同的「微軟正黑體」,並將設定標號為「置中對齊」。

5 選取標號文字,由於標號就是套用「標號」樣式,但是上一步驟已經修改樣式的格式,因此在「常用\樣式」功能區中,樣式庫中選取「標號」樣式,按滑鼠右鍵開啟快顯功能表,執行「更新標號以符合選取範圍」指令。

6 其他已經存在的標號都會因此而自動重新套用新的標號樣式。

7 將編輯插入點移到最後一頁圖表目錄下方,切換到「參考資料」功能索引標籤,在「標號」功能區中執行「插入圖表目錄」指令。

8 開啟「圖表目錄」對話方塊，使用預設的設定值，直接按「確定」鈕。

9 圖表目錄自動完成，選取圖表目錄文字範圍，由於在「常用\樣式」功能區中，目錄樣式沒有出現在常用的樣式庫中，因此按下樣式庫的▼展開鈕，執行「套用樣式」指令。

10 開啟「套用樣式」工作窗格，選擇「圖表目錄」樣式名稱，按下「修改」鈕。

11 開啟「修改樣式」對話方塊，按下樣式根據「內文」清單鈕，重新選擇樣式根據為「內文一」，按下「確定」鈕。

12 圖表目錄套用「內文一」樣式的格式，而有些許變動。按下工作窗格右上角的「關閉」鈕，關閉工作窗格。

13 將編輯插入點移到第二頁「目錄」下一行，按下「目錄」清單鈕，選擇執行「自訂目錄」指令。

14 開啟「目錄」對話方塊，不需要等到目錄製作完成在修改樣式，可以直接在設定時修訂，按下「修改」鈕。

15 另外開啟「樣式」對話方塊，選擇「目錄 3」樣式，按「修改」鈕。由於目錄顯示 3 個階層，所以大綱階層 1~3 分別套用目錄 1~3 的樣式。

16 再次開啟「修改樣式」對話方塊，按下「格式」鈕，選擇設定「段落」。

17 開啟「段落」對話方塊，設定段落間距與前後段距離為「0行」，行距為「固定行高」，行高為「25點」，按「確定」鈕。回到「修改樣式」對話方塊，直接按「確定」鈕。回到「樣式」對話方塊，也是直接按「確定」鈕。

18 回到「樣式」對話方塊，選擇「目錄 2」樣式，按「修改」鈕。

19 和步驟 16 一樣，在「修改樣式」對話方塊，按下「格式」鈕，選擇設定「段落」。開啟「段落」對話方塊，設定段落間距與前段距離為「0.5 行」，與後段距離為「0 行」，行距為「固定行高」，行高為「26 點」，一路按「確定」鈕直到回到「目錄」對話方塊。

20 回到「目錄」對話方塊，預覽段落編排方式，若沒有需要修改的地方，就直接按「確定」鈕。

預覽目錄修改後段落編排

按此鈕

21 目錄終於完成了！使用修改樣式設定目錄格式看似麻煩，但是可以避免在更新目錄時，格式又套用回舊的樣式。

目錄層次分明

NOTES

A 實戰 ChatGPT 來輔助 Word 操作與應用

A-1	人工智慧的基礎
A-2	認識聊天機器人
A-3	ChatGPT 初體驗
A-4	ChatGPT 正確使用訣竅
A-5	ChatGPT 能給予 Word 使用者什麼協助
A-6	Word 操作 AI 提示詞大全

最近幾年最火紅的話題絕對離不開 ChatGPT，目前網路、社群上對於 ChatGPT 的討論已經沸沸揚揚。ChatGPT 是由 OpenAI 所開發的一款基於生成式 AI 的免費聊天機器人，擁有強大的自然語言生成能力，可以根據上下文進行對話，並進行多種應用，包括客戶服務、銷售、產品行銷等，其全球使用者已超過抖音的使用者量。ChatGPT 是由 OpenAI 公司所開發，該技術是建立在深度學習（Deep Learning）和自然語言處理技術（Natural Language Processing, NLP）的基礎上。由於 ChatGPT 基於開放式網路的大量資料進行訓練，使其能夠產生高度精確、自然流暢的對話回應，與人進行互動。如下圖所示：

> **ChatGPT是什麼**
>
> ChatGPT 是一個由 OpenAI 開發的大型語言模型，基於 GPT-4 架構。它是通過大量的文本數據訓練而成，旨在理解和生成自然語言。ChatGPT 能夠回答問題、提供建議、幫助創作文本、解釋概念等，適用於多種語言環境。它可以在多個領域提供協助，包括寫作、程式編輯、翻譯、對話、學術研究等。
>
> 簡單來說，ChatGPT 是一個可以與人進行自然語言互動的 AI 工具，能夠理解問題並給出相應的回答或解決方案。

ChatGPT 能和人類以一般人的對話方式與使用者互動，例如提供建議、寫作輔助、寫程式、寫文章、寫信、寫論文、劇本小說…等，而且所回答的內容有模有樣，除了可以給予各種問題的建議，也可以幫忙寫作業或程式碼，例如下列二圖的回答內容：

> **請用C++寫九九乘法表的程式**
>
> 以下是使用 C++ 撰寫的九九乘法表程式：
>
> ```cpp
> #include <iostream>
> using namespace std;
>
> int main() {
>     // 輸出九九乘法表
>     for (int i = 1; i <= 9; ++i) {
>         for (int j = 1; j <= 9; ++j) {
>             cout << i << " x " << j << " = " << i * j << "\t";
>         }
>         cout << endl; // 每列結束後換行
>     }
>     return 0;
> }
> ```
>
> 這段程式會輸出 1 到 9 的乘法表，使用兩個巢狀的 `for` 迴圈來逐行逐列計算並顯示乘積結果。

> 請簡介 Power BI
>
> Power BI 是由微軟開發的一套商業智慧 (Business Intelligence, BI) 工具，主要用於資料分析和視覺化展示。它允許用戶從各種數據來源收集、整合、分析和分享洞見，並通過互動式儀表板、報告和圖表幫助用戶更直觀地理解資料。
>
> 主要功能：
>
> 1. **資料連接**：支持從各種資料來源（例如 Excel、SQL 資料庫、雲端服務）導入資料。
> 2. **資料轉換與整理**：內建 Power Query，能夠輕鬆清理、轉換和結構化資料。
> 3. **視覺化**：提供豐富的圖表、地圖、儀表等視覺化工具，幫助用戶以視覺方式呈現資料洞見。
> 4. **即時更新**：儀表板可以連接即時資料來源，動態更新。
> 5. **分享與協作**：生成的報告可以方便地與團隊共享，並且支持跨設備查看（如手機、平板和電腦）。
>
> Power BI 常被用來幫助企業進行數據驅動的決策，讓用戶能夠深入了解業務運行狀況並發現潛在的問題與機會。

　　ChatGPT 之所以強大，是它背後難以數計的資料庫，任何食衣住行育樂的各種生活問題或學科都可以問 ChatGPT，而 ChatGPT 也會以類似人類會寫出來的文字，給予相當到位的回答，與 ChatGPT 互動是一種雙向學習的過程，在使用者獲得想要資訊內容文字的過程中，ChatGPT 也不斷在吸收與學習，ChatGPT 用途非常廣泛多元，根據國外報導，很多亞馬遜上店家和品牌紛紛轉向 ChatGPT，還可以幫助店家或品牌在進行網路行銷時，為他們的產品生成吸引人的標題，和尋找宣傳方法，進而與廣大的目標受眾產生共鳴，從而提高客戶參與度和轉換率。

A-1　人工智慧的基礎

　　人工智慧（Artificial Intelligence, AI）的概念最早是由美國科學家 John McCarthy 於 1955 年提出，簡單地說，人工智慧就是由電腦所模擬或執行，具有類似人類智慧或思考的行為，例如推理、規劃、問題解決及學習等能力。微軟亞洲研究院曾經指出：「未來的電腦必須能夠看、聽、學，並能使用自然語言與人類進行交流。」

A-1-1 人工智慧的應用

　　AI 與電腦間地完美結合為現代產業帶來創新革命，應用領域不僅展現在機器人、物聯網（IOT）、自駕車、智慧服務等，甚至與數位行銷產業息息相關，根據美國最新研究機構的報告，2025 年人工智慧將會在行銷和銷售自動化方面，取得更人性化的表現，有 50% 的消費者強烈希望在日常生活中使用 AI 和語音技術，其他還包括蘋果手機的 Siri、LINE 聊天機器人、垃圾信件自動分類、指紋辨識、自動翻譯、機場出入境的人臉辨識、機器人、智能醫生、健康監控、自動控制等，都是屬於 AI 與日常生活的經典案例。例如「聊天機器人」（Chatbot）漸漸成為廣泛運用的新科技，利用聊天機器人不僅能夠節省人力資源，還能依照消費者的需要來客製化服務，極有可能會是改變未來銷售及客服模式的利器。

TaxiGo 利用聊天機器人提供計程車秒回服務

A-1-2 人工智慧在自然語言的應用

電腦科學家通常將人類的語言稱為自然語言 NL（Natural Language），比如說中文、英文、日文、韓文、泰文等。自然語言最初都只有口傳型式，要等到文字的發明之後，才開始出現手寫型式。任何一種語言都具有博大精深及與隨時間變化而演進的特性，這也使得自然語言處理（Natural Language Processing, NLP）範圍非常廣泛，所謂 NLP 就是讓電腦擁有理解人類語言的能力，也就是一種藉由大量的文字資料搭配音訊資料，並透過複雜的數學「聲學模型」（Acoustic model）及演算法來讓機器去認知、理解、分類並運用人類日常語言的技術。

本質上，語音辨識與自然語言處理（NLP）的關係是密不可分的，不過機器要理解語言，是比語音辨識要困難許多，在自然語言處理領域中，首先要經過「斷詞」和「理解詞」的處理，辨識出來的結果還是要依據語意、文字聚類、文字摘要、關鍵詞分析、敏感用語、文法及大量標註的語料庫，透過深度學習來解析單詞或短句在段落中的使用方式與透過大量文字（語料庫）的分析進行語言學習，才能正確的辨別與解碼（Decode），探索出詞彙之間的語意距離，進而了解其意與建立語言處理模型，最後才能有人機對話的可能，這樣的運作機制也讓 NLP 更貼近人類的學習模式。隨著深度學習的進步，NLP 技術的應用領域已更為廣泛，機器能夠 24 小時不間斷工作且錯誤率極低的特性，企業對 NLP 的採用率更有顯著增長，包括電商、行銷、網路購物、訂閱經濟、電話客服、金融、智慧家電、醫療、旅遊、網路廣告、客服等不同行業。

A-2 認識聊天機器人

人工智慧行銷從本世紀以來，一直都是店家或品牌尋求擴大影響力和與客戶互動的強大工具，過去企業為了與消費者互動，需聘請專人全天候在電話或通訊平台前待命，不僅耗費了人力成本，也無法妥善地處理龐大的客戶量與資訊，聊天機器人則是目前許多店家客服的創意新玩法，背後的核心技術即是以自然語言處理中的一種模型（Generative Pre-Trained Transformer, GPT）為主，利用電腦模擬與使用者互動對話，算是由對話或文字進行交談的電腦程式，並讓使用者體驗像與真人一樣的對話。聊天機器人能夠全天候地提供即時服務，與自設不同的流程來達到想要的目的，協助企業輕鬆獲取第一手消費者偏好資訊，有助於公司精準行銷、強化顧客體驗與個人化的服

務。這對許多粉絲專頁的經營者或是想增加客戶名單的行銷人員來說，聊天機器人就相當適用。

AI 電話客服也是自然語言的應用之一
圖片來源：https://www.digiwin.com/tw/blog/5/index/2578.html

> **TIPS** GPT 是「生成型預訓練變換模型（Generative Pre-trained Transformer）」的縮寫，是一種語言模型，可以執行非常複雜的任務，會根據輸入的問題自動生成答案，並具有編寫和除錯電腦程式的能力，如回覆問題、生成文章和程式碼，或者翻譯文章內容等。

A-2-1 聊天機器人的種類

例如以往店家或品牌進行行銷推廣時，必須大費周章取得使用者的電子郵件，不但耗費成本，而且郵件的開信率低，由於聊天機器人的應用方式多元、效果容易展現，可以直觀且方便的透過互動貼標來收集消費者第一方資料，直接幫你獲取客戶的資料，例如：姓名、性別、年齡…等臉書所允許的公開資料，驅動更具效力的消費者回饋。

臉書的聊天機器人就是一種自然語言的典型應用

聊天機器人共有兩種主要類型：一種是以工作目的為導向，這類聊天機器人是一種專注於執行一項功能的單一用途程式。例如 LINE 的自動訊息回覆，就是一種簡單型聊天機器人。

另外一種聊天機器人則是一種資料驅動的模式，能具備預測性的回答能力，這類聊天機器人，就如同 Apple 的 Siri 就是屬於這一種類型的聊天機器人。

例如在臉書粉絲專頁或 LINE 常見有包含留言自動回覆、聊天或私訊互動等各種類型的機器人，其實這一類具備自然語言對話功能的聊天機器人也可以利用 NLP 分析方式進行打造，也就是說，聊天機器人是一種自動的問答系統，它會模仿人的語言習慣，也可以和你「正常聊天」，就像人與人的聊天互動，而 NLP 方式來讓聊天機器人可以根據訪客輸入的留言或私訊，以自動回覆的方式與訪客進行對話，也會成為企業豐富消費者體驗的強大工具。

A-3　ChatGPT 初體驗

從技術的角度來看，ChatGPT 是根據從網路上獲取的大量文字樣本進行機器人工智慧的訓練，不管你有什麼疑難雜症，你都可以詢問它。當你不斷以問答的方式和 ChatGPT 進行互動對話，聊天機器人就會根據你的問題進行相對應的回答，並提升這個 AI 的邏輯與智慧。

登入 ChatGPT 網站註冊的過程中雖然是全英文介面，但是註冊過後在與 ChatGPT 聊天機器人互動發問問題時，可以直接使用中文的方式來輸入，而且回答的內容的專業性也不失水平，甚至不亞於人類的回答內容。

OpenAI 官網　https://openai.com/

目前 ChatGPT 可以辨識中文、英文、日文、西班牙…等多國語言，透過人性化的回應方式來回答各種問題。這些問題甚至含括了各種專業技術領域或學科的問題，可以說是樣樣精通的百科全書，不過 ChatGPT 的資料來源並非 100% 正確，在使用 ChatGPT 時所獲得的回答可能會有偏誤，為了得到的答案更準確，當使用 ChatGPT 回答問題時，應避免使用模糊的詞語或縮寫。「問對問題」不僅能夠幫助使用者獲得更好

的回答，ChatGPT 也會藉此不斷精進優化，切記！清晰具體的提問才是與 ChatGPT 的最佳互動。如果需要進深入知道更多的內容，除了盡量提供夠多的訊息，就是提供足夠的細節和上下文。

接下來將教您如何註冊一個免費的 ChatGPT 帳號，並讓您第一次與 AI 機器人對話。我們將說明如何以 email 的方式來進行 ChatGPT 免費帳號的註冊，同時我們也會說明如何直接以 Google 帳號（或 Microsoft 帳號）進行 ChatGPT 免費帳號的註冊。接著，將介紹如何與 ChatGPT 機器人對話，並帶您上手寫第一支程式，請 ChatGPT 幫您代寫。我們還會教您如何複製程式碼，方便您日後的開發和應用。另外，如果您想嘗試使用其他 AI 機器人，我們也會教您如何使用其他機器人進行對話。最後，會示範如何登出 ChatGPT 帳號，以保證您的資料安全。接著就一起來學習如何註冊、使用和操作 ChatGPT 帳號。

A-3-1 註冊免費 ChatGPT 帳號

本章將教您如何註冊一個免費的 ChatGPT 帳號，我們將說明如何以 Email 的方式來進行 ChatGPT 免費帳號的註冊，同時我們也會說明如何直接以 Google 帳號（或 Microsoft 帳號）進行 ChatGPT 免費帳號的註冊。首先來示範如何註冊免費的 ChatGPT 帳號，請先登入 ChatGPT 官網，它的網址為 https://chat.openai.com/，登入官網後，可以直接點選畫面中的「註冊」鈕申請 ChatGPT 帳號。

接著請各位輸入電子郵件帳號，或是如果各位已有 Google 帳號或是 Microsoft 帳號，你也可以透過 Google 帳號或是 Microsoft 帳號進行註冊登入。此處我們直接示範輸入電子郵件帳號的方式來建立帳號，請在下圖視窗中間的文字輸入方塊中輸入要註冊的電子郵件，輸入完畢後，請接著按下「繼續」鈕。

接著如果你是透過電子郵件進行註冊，在註冊過程中系統會要求使用者輸入一組密碼作為這個帳號的註冊密碼。同時也會有有確認電子郵件真實性的確認程序及輸入註冊者的姓名等相關註冊流程。如果你是透過 Google 帳號或 Microsoft 帳戶快速註冊登入，那麼就會直接進入到下一步輸入姓名的畫面。

輸入完姓名後，再請接著按下「繼續」鈕，會要求各位輸入你個人的電話號碼進行身分驗證，這是一個非常重要的步驟，如果沒有透過電話號碼來進行身分驗證，就沒有辦法使用 ChatGPT。請注意，輸入行動電話時，請直接輸入行動電話後面的數字，例如你的電話是「0931222888」，只要直接輸入「931222888」，輸入完畢過幾秒後，各位就可以收到官方系統發送到指定號碼的簡訊，該簡訊會顯示 6 碼的數字。各位只要輸入手機所收到的 6 碼驗證碼後，就可以正式啟用 ChatGPT。登入 ChatGPT 之後，會看到類似下圖畫面：

A-3-2 請 ChatGPT 代寫第一支程式

當我們登入 ChatGPT 之後,開始畫面會告訴你 ChatGPT 的使用方式,各位只要於畫面下方的對話框,輸入問題就可以和 AI 機器人輕鬆對話。

例如輸入提示(Prompt)詞:「請用 Python 寫九九乘法表的程式」,按下「Enter」鍵正式向 ChatGPT 機器人詢問,就可以得到類似下圖的回答:

😊 提示(prompt)詞

請用 Python 寫九九乘法表的程式

ChatGPT 回答

當然可以！以下是用 Python 撰寫的九九乘法表程式，會將 1 到 9 的乘法表輸出到畫面上：

```python
# 九九乘法表
for i in range(1, 10):
    for j in range(1, 10):
        print(f"{i} x {j} = {i*j}", end="\t")
    print()  # 每完成一行換行
```

輸出範例：

```
1 x 1 = 1    1 x 2 = 2    ... 1 x 9 = 9
2 x 1 = 2    2 x 2 = 4    ... 2 x 9 = 18
...
9 x 1 = 9    9 x 2 = 18   ... 9 x 9 = 81
```

如果你想讓輸出更有對齊格式（例如像表格），我也可以提供更美觀版本。需要嗎？

A-3-3 複製 ChatGPT 幫忙寫的程式碼

如果要取得這支程式碼，還可以按下回答視窗右上角的「複製程式碼（如果是英文介面則是 Copy code）」鈕，就可以將 ChatGPT 所幫忙撰寫的程式，複製貼上到 Python 的 IDLE 程式碼編輯器去修改或執行（如果各位電腦系統有安裝過 Python 的 IDLE，如果沒有，下載網址為 https://www.python.org/downloads/），如下圖所示：

```
# 九九乘法表
for i in range(1, 10):
    for j in range(1, 10):
        print(f"{i} x {j} = {i*j}", end="\t")
    print()  # 每完成一行換行
```

如果要將檔案儲存，可以直接執行 IDLE 的「File/Save」或「File/Save As...」指令：

接著只要執行「Run/Run Module」指令來執行程式：

下圖為本程式的執行結果：

```
Python 3.11.5 (tags/v3.11.5:cce6ba9, Aug 24 2023, 14:38:34) [MSC v.1936 64 bit (AMD64)] on win32
Type "help", "copyright", "credits" or "license()" for more information.
=== RESTART: C:/Users/User/AppData/Local/Programs/Python/Python311/99table.py ===
1 x 1 = 1     1 x 2 = 2     1 x 3 = 3     1 x 4 = 4     1 x 5 = 5
1 x 6 = 6     1 x 7 = 7     1 x 8 = 8     1 x 9 = 9
2 x 1 = 2     2 x 2 = 4     2 x 3 = 6     2 x 4 = 8     2 x 5 = 10
2 x 6 = 12    2 x 7 = 14    2 x 8 = 16    2 x 9 = 18
3 x 1 = 3     3 x 2 = 6     3 x 3 = 9     3 x 4 = 12    3 x 5 = 15
3 x 6 = 18    3 x 7 = 21    3 x 8 = 24    3 x 9 = 27
4 x 1 = 4     4 x 2 = 8     4 x 3 = 12    4 x 4 = 16    4 x 5 = 20
4 x 6 = 24    4 x 7 = 28    4 x 8 = 32    4 x 9 = 36
5 x 1 = 5     5 x 2 = 10    5 x 3 = 15    5 x 4 = 20    5 x 5 = 25
5 x 6 = 30    5 x 7 = 35    5 x 8 = 40    5 x 9 = 45
6 x 1 = 6     6 x 2 = 12    6 x 3 = 18    6 x 4 = 24    6 x 5 = 30
6 x 6 = 36    6 x 7 = 42    6 x 8 = 48    6 x 9 = 54
7 x 1 = 7     7 x 2 = 14    7 x 3 = 21    7 x 4 = 28    7 x 5 = 35
7 x 6 = 42    7 x 7 = 49    7 x 8 = 56    7 x 9 = 63
8 x 1 = 8     8 x 2 = 16    8 x 3 = 24    8 x 4 = 32    8 x 5 = 40
8 x 6 = 48    8 x 7 = 56    8 x 8 = 64    8 x 9 = 72
9 x 1 = 9     9 x 2 = 18    9 x 3 = 27    9 x 4 = 36    9 x 5 = 45
9 x 6 = 54    9 x 7 = 63    9 x 8 = 72    9 x 9 = 81
```

A-3-4 更換新的機器人

你可以藉由這種問答的方式，持續地去和 ChatGPT 對話。如果你想要結束這個機器人改選其他新的機器人，就可以點選左側的「新聊天」，他就會重新回到起始畫面，並改用另外一個新的訓練模型，這個時候輸入同一個題目，可能得到的結果會不一樣。

A-3-5 登出 ChatGPT

當各位要登出 ChatGPT，只要按下畫面中的「登出（如果是英文介面則是 Log out）」鈕。

登出後就會看到如下的畫面，只要各位再按下「登入」鈕，就可以再次登入 ChatGPT。

A-4　ChatGPT 正確使用訣竅

我們將談談 ChatGPT 正確使用訣竅及一些 ChatGPT 的重要特性，這將有助於各位可以更加利用 ChatGPT 得心應手。當使用 ChatGPT 進行對話前，必須事先想好明確的主題和問題，這才可以幫助 ChatGPT 可以更加精準理解你要問的重點，才能提供一個更準確的答案。尤其所輸入的問題，必須簡單、清晰、明確，避免使用難以理解或模糊的語言，才不會發生 ChatGPT 的回答內容，不是自己所期望的。

因為 ChatGPT 的設計目的是要理解和生成自然語言，因此與 ChatGPT 對話儘量使用自然的、流暢的語言，尤其是避免使用過於正式或技術性的語言。另外需要注意到，不要問與主題無關的問題，這樣可能導致回答內容，和自己想要問的題目，有點不太相關。

有一點要強調的是在與 ChatGPT 進行對話時，還是要保持基本的禮貌和尊重，不要使用攻擊性的語言或不當言詞，保持禮貌和尊重的提問方式，將有助於建立一個良好的對話環境。

A-4-1　能記錄對話內容

因為與 ChatGPT 進行對話時，它會記錄對話內容，因此如果你希望 ChatGPT 可以回答更準確的內容，就必須儘量提供足夠的上下文資訊，例如問題的背景描述、角色細節及專業領域等。

A-4-2　專業問題可事先安排人物設定腳本

要輸入的問題，也可以事先設定人物的背景專業，也就是說：有事先說明人物背景設定與沒有事先說明人物背景，其回答的結果，有時會完全不一樣的重點。例如我們問 ChatGPT 如何改善便祕的診斷方向，如果沒有事先設定人物背景的專業，其回答內容可能較為一般通俗性的回答。但是如果事先設定角色為中醫師，其回答內容就可能完全不同的重點。

A-4-3　搜尋網頁

ChatGPT 的「搜尋網頁」功能讓使用者能夠即時獲取最新資訊，突破 AI 內建知識庫的限制，確保回應內容的時效性與準確性。透過這項功能，AI 可以連結網路資源，

搜尋最新的新聞、股市資料、科技趨勢，甚至是學術文章與官方文件，使其成為更全面的資訊助理。

這項功能的最大特色在於，它能夠幫助使用者取得最新消息，而不再受限於 AI 內部的固定知識庫。對於關注時事動態的人來說，這項功能特別適用於查詢當前的新聞報導、金融市場資料及科技發展趨勢。此外，學術研究者或專業人士也可以透過此功能，搜尋學術論文、政府公告或其他權威資料，獲取更具參考價值的資訊。

在實際應用方面，「搜尋網頁」功能特別適合需要即時更新資訊的情境。例如，當使用者想了解 AI 技術的最新突破、環保政策的最新變動，或是即時賽事結果、外匯匯率波動時，這項功能能夠提供快速且準確的回應。此外，當使用者需要驗證 AI 回應的正確性，或確保資訊與最新情況相符時，也可以利用此功能來查找最新的資料來源。這不僅提升了 AI 的實用性，也讓使用者能夠更精確地獲取可靠的資訊。

A-4-4 善用英文及 Google 翻譯工具

ChatGPT 在接收到英文問題時，其回答速度及答案的完整度及正確性較好，所以如果想要以較快的方式取得較正確或內容豐富的解答，就可以考慮先以英文的方式進行提問，如果自身的英文閱讀能力夠好，就可以直接吸收英文的回答內容。就算英文

程度不算好，想要充份理解 ChatGPT 的英文回答內容，只要善用 Google 翻譯工具，也可以將英文內容翻譯成中文來幫助理解，而且 Google 翻譯品質還有一定的水平。

A-4-5 熟悉重要指令

ChatGPT 指令相當多元，您可以要求 ChatGPT 編寫程式，也可以要求 ChatGPT 幫忙寫 README 文件，或是要求 ChatGPT 幫忙編寫履歷與自傳或是協助外國語言的學習。如果想充份了解更多有關 ChatGPT 常見指令大全，建議各位可以連上「ExplainThis」這個網站，它提供諸如程式開發、英語學習、寫報告…等許多類別指令，可以幫助各位更能充分發揮 ChatGPT 的強大功能。

A-4-6 充份利用其他網站的 ChatGPT 相關資源

除了上面介紹的「ChatGPT 指令大全」網站的實用資源外，由於 ChatGPT 功能強大，而且應用層面廣，現在有越來越多的網站提供 ChatGPT 的不同方面的資源，包括：ChatGPT 指令、學習、功能、研究論文、技術文章、示範應用等相關資源，本節推薦幾個 ChatGPT 相關資源的網站，介紹如下：

- OpenAI 官方網站 - 提供 ChatGPT 的相關技術文章、示範應用、新聞發布等等：https://openai.com/。

- GitHub - 是一個網上的程式碼存儲庫（Code Repository）。主要宗旨在協助開發人員與團隊進行協作開發。GitHub 使用 Git 作為其基礎技術，讓開發人員可以更好地掌握代碼版本控制，更容易地協作開發。OpenAI 官方的開放原始程式碼和相關資源：https://github.com/openai。

- arXiv.org - 提供 ChatGPT 相關的學術研究論文和技術報告：https://arxiv.org/。

- Google Scholar - 提供 ChatGPT 相關的學術研究論文和技術報告的搜尋引擎：https://scholar.google.com/。

- Towards Data Science - 提供有關 ChatGPT 的技術文章和教學：https://towardsdatascience.com/。

- 數位時代 - 提供有關 ChatGPT 的技術文章和示範應用：https://www.bnext.com.tw/。

A-5 ChatGPT 能給予 Word 使用者什麼協助

在數位文件編輯中，Microsoft Word 是最廣為使用的文書處理軟體之一，無論是學生撰寫報告、職場人士整理文件、或研究人員撰寫論文，Word 幾乎是必備工具。然而，許多使用者往往僅熟悉表面操作，對於 Word 的深層功能或排版技巧較不熟悉。這時，若能搭配如 ChatGPT 的 AI 工具，就能更有效率地學會 Word，並針對個人需求快速取得教學、解決問題、甚至直接產出範例內容。

A-5-1　掌握 Word 基本操作與排版技巧

對於剛接觸 Word 的使用者，最重要的是熟悉介面與基本編輯技巧，例如如何設定標題樣式、行距、段落縮排，或插入圖片與表格。這些動作雖然簡單，但若能結合提示詞進行學習，可大幅縮短摸索時間。以下是有關 Word 基本操作與排版技巧提示詞的參考範例：

😊 提示詞

> 請教我如何在 Word 中設定標題一、標題二並產生自動目錄。

😊 提示詞

> 我想知道如何讓段落行距固定為 1.5 倍,請提供步驟說明。

ChatGPT 可以根據這些提示,回應一組逐步教學,甚至附帶圖文說明。若您進一步要求,它也可以生成完整的操作教學手冊或懶人包。

A-5-2 進階排版與文件設計應用

當進入報告、計畫書、學術論文等更專業的文件製作時,Word 的分節管理、頁首頁尾、引用註解、樣式設定與文件範本就變得非常重要。這些功能雖非每日必用,但一旦掌握便能讓文書處理效率大幅提升。以下是有關 Word 進階排版與文件設計應用提示詞的參考範例:

😊 提示詞

> 我正在寫報告,需要不同章節有不同的頁首頁尾,要怎麼做?

😊 提示詞

> 請幫我建立一個具有封面、目錄、三章內容與附錄的 Word 文件格式架構。

😊 提示詞

> 請幫我寫一段學術論文格式的引言,符合 APA 第七版格式。

A-5-3 辦公與學術自動化功能整合

進階使用者可以進一步應用 Word 中的 巨集(Macro)或 VBA 程式碼進行自動化,例如自動格式套用、內容替換、重複性報告輸出等。此外,透過與 ChatGPT 搭配,使用者可輕鬆產生這類程式碼,或請 AI 教你撰寫與除錯。以下是有關辦公與學術自動化功能整合提示詞的參考範例:

😀 提示詞

請用 VBA 幫我寫一個巨集，能將所有文字大小調成 14pt 並加粗標題段落。

😀 提示詞

我需要在 Word 中建立一個按鈕，點擊後自動插入會議記錄的標準格式，你能提供巨集範例嗎？

透過這類提示，ChatGPT 能即時生成可以貼入 Word 的 VBA 程式碼，讓使用者自行操作或交由 IT 專業人員協助整合。

A-5-4 AI 協助內容生成與語言優化

近年，AI 在語言處理方面的能力突飛猛進。結合 ChatGPT 與 Word，不僅能協助使用者撰寫內容，還能進行語言優化、錯字校正、文風轉換與摘要生成。例如，一份草擬中的企劃書或報告，可先在 Word 完稿後貼進 ChatGPT，請求優化內容、提升說服力。以下是有關協助內容生成與語言優化提示詞的參考範例：

😀 提示詞

這是我寫的報告草稿，請幫我改寫成更有說服力的商業提案語氣。

😀 提示詞

我需要將這段中文翻譯成流暢的英文報告內容，請幫忙。

😀 提示詞

請為以下五段內容各自寫出一句摘要，並整理成條列格式。

這樣的應用讓 Word 不再只是編輯器，而是成為創作與溝通的整合平台。

A-5-5 常見問題與排版疑難排解

許多使用者在操作 Word 時，常會碰到格式跑掉、樣式套用錯誤、圖片插入後移位等問題。這些繁雜的狀況可以透過 ChatGPT 快速找到對應解法，甚至可直接描述錯

誤情境給 AI，由 AI 提出排解建議。以下是有關 Word 常見問題與排版疑難排解提示詞的參考範例：

😊 **提示詞**

> 我插入圖片後，段落會亂移動，要怎麼固定圖片位置不影響文字？

😊 **提示詞**

> 頁碼從第三頁才要開始顯示，前兩頁不要出現頁碼，我該怎麼設定？

😊 **提示詞**

> 我文件中所有表格的字體都變成預設 Times New Roman，要怎麼一次調整成微軟正黑體？

這些都是 Word 常見問題，透過準確描述情境搭配提示詞，AI 就能針對具體操作給出快速解決方案。

總結來說，Word 的功能豐富且彈性極高，而透過 ChatGPT 搭配提示詞，不僅能學會操作，還能大幅提升效率、改善內容品質。只要掌握「精準描述你要做的事＋你遇到的困難」，就能讓 AI 成為你的最佳文書助手。

A-6　Word 操作 AI 提示詞大全

在數位辦公與學習環境中，Microsoft Word 是最常用的文書處理工具之一，無論是撰寫報告、會議記錄、履歷、論文，甚至是製作簡報大綱與行銷資料，都離不開它的強大功能。然而，Word 功能繁多，許多使用者常因不熟悉排版技巧、設定操作或格式規範而感到困擾。所幸，隨著人工智慧的進展，我們可以透過 ChatGPT 等 AI 工具，快速查詢 Word 的使用方式、產生教學步驟，甚至直接請 AI 協助產出範本或進行潤稿。

本單元依據實務需求整理出最常見的五大類提示語，幫助你善用 AI 協助完成 Word 編輯、排版、撰寫與進階自動化等任務。不論你是初學者還是資深使用者，只要

輸入這些提示詞，ChatGPT 就能即時給予精準指引、解答問題，甚至產生符合格式的範本內容，大幅提升你的文件處理效率與品質。

A-6-1 基本操作與格式設定

對於許多使用者而言，Word 的基本功能如段落設定、字型調整、頁面邊界與段落間距常是最常接觸卻也容易忽略的小細節。這裡整理常見的基本操作與格式設定提示詞，讓 AI 成為你的即時輔助教練，提升編輯效率並確保格式一致。

😊 提示詞

> 「請教我如何在 Word 中設定標題一、標題二，並產生自動目錄。」
> 「如何設定段落的行距為 1.5 倍？請提供步驟說明。」
> 「我想讓文件每頁都顯示頁碼，要如何操作？」
> 「請告訴我如何在 Word 中插入圖片並使其不影響文字排版。」

A-6-2 文件排版與範本設計

想讓文件看起來專業、易讀又具一致性，排版設計就成為不可或缺的技巧。在此提供文件排版的提示語範本，並示範如何利用 AI 協助選擇合適的版型、提供範本，藉以打造符合目的與風格的文件樣式。

😊 提示詞

> 「我需要製作一份有封面、目錄與三章內容的 Word 格式範本，請提供範例。」
> 「請提供一個格式正確的 Word 會議記錄範本。」
> 「如何將文件分成三欄顯示？可以一步步教我嗎？」
> 「我想將目錄設為自動更新，請說明要如何設定標題樣式與插入目錄。」

A-6-3 學術與商業應用

從撰寫論文、格式引註，到商業報告、合約擬稿，Word 是不可或缺的工具，而其應用場景也需更講究格式與專業性。在此示範如何透過提示詞請 AI 協助產出 APA 等引用格式、商業企劃書、標準化表格，以協助各位在學術與職場寫作更高效、準確與規範。

提示詞

「請產出一份符合 APA 第七版格式的學術報告引言段落。」
「我正在寫商業企劃書,請幫我生成一份包含摘要、目標、預算、執行計畫的範本。」
「請幫我生成一頁內容為主的履歷表格式,適合大學生使用。」
「請教我如何插入交叉引用與註腳。」

A-6-4 VBA 巨集與自動化功能

對於進階使用者來說,Word 的 VBA 巨集功能能進一步實現工作流程自動化,例如批次格式轉換、自動產出表格或套印文件等。在此將提供請 AI 生成 VBA 程式碼的提示詞範例,讓使用者即使沒有程式背景,也能輕鬆指令 AI 完成自動化腳本的建立與調整。

提示詞

「請提供一段 Word VBA 巨集,能將標題段落字體變成 16pt 並加粗。」
「我想要按一下按鈕就自動插入固定格式的會議記錄,可以給我巨集程式碼嗎?」
「如何用 VBA 將整份文件中的 Times New Roman 改為微軟正黑體?」
「請教我如何錄製巨集,讓文件自動儲存為 PDF 並命名為日期。」

A-6-5 AI 助手寫作與潤稿應用

AI 不僅是工具操作的助手,更能成為寫作上的智囊顧問。在此彙整用於撰寫報告、企劃說明與公文草稿的提示詞,並說明如何請 AI 進行語意潤飾、語法檢查與內容優化,協助使用者精練語言、提升說服力與專業度。

提示詞

「以下是我的段落草稿,請幫我潤飾成正式公文語氣。」(後接段落內容)
「請幫我將這段文字翻譯成英文,符合商業簡報風格。」
「請為我這篇文章撰寫一段摘要,約 50 字。」
「請幫我將這篇文章改寫成適合簡報使用的條列式重點。」

A-6-6 使用建議

雖然 AI 能大幅協助 Word 文件的產製與優化，但有效使用的關鍵在於給出明確、具體的提示內容。在此提供撰寫提示詞時的注意事項與建議策略，協助你避開常見錯誤、提升提示的命中率，讓你與 AI 合作更加順暢且高效。你可以在提示詞中的主題或格式進行調整，加入更明確的情境或目的。

😊 提示詞

「我正在寫大學期末報告，主題是氣候變遷，請幫我用 APA 格式撰寫引言。」
「這是我寫的段落內容，但不夠吸引人，請幫我用說服力更強的方式重寫。」

結語：善用提示詞，讓 Word 操作事半功倍

在數位工作與學習節奏日益加快的時代，掌握 Microsoft Word 的操作技巧不僅能提升效率，更是專業表現的重要關鍵。透過本單元整理的各類提示詞與應用範例，你可以善用 ChatGPT 等 AI 助手，快速解決操作難題、優化格式排版，甚至自動產出文件與進行潤稿修正，大幅縮短作業時間。

無論你是初學者還是進階使用者，只要善用這些提示詞，便能讓 AI 成為你日常文書處理的最佳拍檔。未來，建議你依據實際需求持續調整、優化提示語內容，甚至建立自己的專屬提示詞庫，累積更多實戰經驗。只要掌握方法，人人都能在 Word 世界中成為高效能創作者！